Santé mentale et psychiatrie pour enfants

Des professionnels se présentent

La Collection de l'Hôpital Sainte-Justine
pour les parents

Santé mentale et psychiatrie pour enfants
Des professionnels se présentent

Des professionnels du Programme de psychiatrie
du CHU Sainte-Justine

Éditions de l'Hôpital Sainte-Justine
Centre hospitalier universitaire mère-enfant

Catalogage avant publication de Bibliothèque et Archives Canada

Vedette principale au titre:

Santé mentale et psychiatrie pour enfants: des professionnels se présentent

(Collection de l'Hôpital Sainte-Justine pour les parents)
Comprend des réf. bibliogr.

ISBN 2-89619-022-8

1. Enfants - Santé mentale, Services de. 2. Adolescents - Santé mentale, Services de. 3. Personnel de santé mentale. 4. Consultation en santé mentale. I. Collection.

RJ499.S26 2005 362.2'083 C2005-940462-0

Illustration de la page couverture: Frédéric Eibner

Infographie: Nicole Tétreault

Diffusion-Distribution au Québec: Prologue inc.
en France : CEDIF (diffusion) – Casteilla (distribution)
en Belgique et au Luxembourg: S.A. Vander
en Suisse: Servidis S.A.

Éditions de l'Hôpital Sainte-Justine (CHU mère-enfant)
3175, chemin de la Côte-Sainte-Catherine
Montréal (Québec) H3T 1C5
Téléphone: (514) 345-4671
Télécopieur: (514) 345-4631
www.hsj.qc.ca/editions

ISBN 2-89619-022-8

Dépôt légal: Bibliothèque nationale du Québec, 2005
Bibliothèque nationale du Canada, 2005

Le masculin est souvent utilisé pour désigner les deux sexes, sans discrimination, et dans le seul but d'alléger le texte.

Table des matières

Introduction

Il est de plus en plus fréquent que les parents consultent un professionnel en santé mentale pour leur enfant même s'ils se sentent d'abord souvent perplexes par rapport à cette éventualité. Ils savent qu'il y a aujourd'hui des services qui, hier, n'existaient pas ou qui n'étaient pas aussi accessibles. En ce sens, la génération actuelle a davantage accès aux soins, que ce soit sur le plan de la prévention, du dépistage ou de l'intervention.

Les médias, pour leur part, favorisent la diffusion de l'information sur les questions de santé. Ils contribuent souvent à démystifier les problèmes que les enfants ou les adolescents présentent et à informer les parents des ressources disponibles.

Les soins en santé mentale destinés aux enfants se sont beaucoup développés durant les dernières années et le projet de cette publication est né du souhait de mieux les faire connaître aux parents et aux acteurs des secteurs de la santé et de l'éducation. Nous avons donc demandé à différents professionnels d'expérience de définir la discipline dans laquelle ils exercent et ce qui la distingue: son rôle spécifique, ses modes d'évaluation et d'intervention, ses approches, etc.

Chaque professionnel a donc décrit, à l'aide d'illustrations cliniques, le déroulement de séances ou de rencontres et l'orientation de son intervention. En effet, toute discipline a un champ et des modes d'intervention qui lui sont propres même si ces disciplines se chevauchent souvent. Il existe aussi une complémentarité entre les différentes disciplines et il est fréquent qu'un enfant reçoive l'aide concertée de plusieurs professionnels dans un contexte que nous appelons «interdisciplinaire».

Il n'est pas toujours aisé de savoir quand et pourquoi consulter pour un enfant ou pour un adolescent. S'agit-il d'un problème passager qui va se résorber avec le temps ou d'un problème plus sérieux ? Qu'entend-on par « problème de santé mentale » chez un enfant ou un adolescent ? Même s'il n'est pas facile de répondre précisément à cette question, nous pouvons toutefois donner quelques indications sur les problèmes qui devraient inciter les parents à consulter.

- Certains enfants ou adolescents présentent des signes de malaise, de souffrance ou de détresse qui persistent. Ils peuvent être anormalement anxieux ou tristes, présenter des peurs irrationnelles ou souffrir d'inhibition ou de difficultés de socialisation. Par exemple, certains adolescents se referment sur eux-mêmes ou peuvent avoir des verbalisations suicidaires. Il s'agit principalement de symptômes émotionnels.
- D'autres enfants ou adolescents peuvent manifester davantage leurs difficultés par des problèmes de comportement. Il peut s'agir d'opposition, d'agressivité, d'impulsivité, d'hyperactivité, de faible tolérance à la frustration, de problème avec les figures d'autorité, etc. Chez les plus âgés, on retrouve la consommation abusive d'alcool et de drogues de même que les comportements déviants. Il arrive souvent, en ce qui concerne les plus jeunes, que ce soit la garderie ou l'école qui interpelle les parents en raison de difficultés comportementales ou de socialisation.
- Chez certains enfants, les difficultés se présentent davantage au plan scolaire. Ceux-ci manifestent des troubles d'apprentissage qui peuvent, s'ils ne sont pas traités, les amener à ne plus aimer l'école et à vivre des sentiments d'incompétence et de dévalorisation, voire les conduire à un refus d'apprendre et à des phobies scolaires. Chez d'autres, les problèmes scolaires peuvent être davantage

liés à des facteurs comme l'anxiété ou à une réaction à une situation problématique.

- Des parents se rendent compte que leur enfant traverse une période difficile. Il peut s'agir d'une réaction à une situation traumatique (maladie, deuil, perte, changement ou conflit important dans la famille ou dans le réseau social).
- Il y a des enfants qui présentent des problèmes de développement qui nécessitent une aide spécialisée. Cela peut être un retard moteur, intellectuel ou langagier, ou il peut s'agir de d'autres troubles de développement qui affectent l'enfant dans plusieurs sphères.

Il est important de souligner que ce que nous venons de décrire est surtout de l'ordre des symptômes. Ceux-ci sont souvent la manifestation de difficultés sous-jacentes qu'il est important de comprendre afin de pouvoir intervenir de la façon la plus appropriée possible. C'est pourquoi une démarche de consultation débute généralement par des entrevues exploratoires au cours desquelles le professionnel, psychiatre ou professionnel de la santé, selon le milieu, fait l'évaluation du problème avant de proposer des évaluations complémentaires ou une intervention. Comme l'enfant est un être en évolution, cette évaluation tente généralement de refaire son histoire développementale afin de voir son évolution dans les différentes sphères, que ce soit au plan moteur, langagier, cognitif ou affectif. On regarde aussi comment l'enfant fonctionne sur les plans personnel, scolaire, social et familial, et quels sont les éléments importants de son histoire. En ce sens, l'évaluation initiale est souvent une démarche qui tente de situer les difficultés que l'enfant présente dans une perspective plus globale afin de définir les interventions à préconiser pour favoriser un développement le plus harmonieux possible.

Dans un premier temps, Louise Rousseau, médecin, nous permet de démystifier l'intervention du pédopsychiatre. Celui-ci a d'abord reçu une formation médicale avant de se spécialiser en psychiatrie, consacrant la plus grande partie de sa formation aux problématiques propres aux enfants, aux adolescents et à leur famille. Cette formation médicale lui permet d'intégrer aux dimensions psychologique et affective les aspects génétique, biologique et médical des problématiques. De même, ce sont les médecins, pédiatres ou psychiatres, qui peuvent intervenir sur le plan pharmacologique et prescrire une médication à l'enfant. Toutefois, le champ d'intervention du pédopsychiatre est beaucoup plus vaste, et c'est ce que cette présentation vous décrira.

Par la suite, un texte de Bernadette Côté est consacré à l'intervention du psychologue pour enfants. La psychologie est la discipline qui s'intéresse à la compréhension du comportement humain; son champ s'applique tant au développement normal que pathologique et ce, sur les plans cognitif et affectif. Est décrit ici le travail du psychologue, qu'il soit en institution ou en pratique privée, afin de rendre plus accessible ce type d'intervention.

Michel Marsolais nous introduit au travail du psychoéducateur. Il s'agit d'un professionnel qui est plus souvent sollicité pour des enfants ou des adolescents en difficulté d'adaptation sur le plan affectif ou social et dont les troubles se manifestent généralement au plan comportemental. L'intervention du psychoéducateur s'effectue à travers le « vécu partagé », c'est-à-dire à partir d'une activité individuelle ou de groupe, dosée et planifiée en vue de stimuler les compétences et les intérêts souvent latents de l'enfant. Dans ce cadre, le psychoéducateur constitue un « témoin privilégié » qui peut nommer ou refléter les difficultés rencontrées ou les stratégies utilisées pour résoudre les problèmes. Il s'agit donc d'un accompagnement qui se situe davantage dans le « ici et maintenant » et qui vise l'élaboration ou l'apprentissage de moyens plus appropriés pour composer avec les exigences de l'environnement.

Marie-Claude Béliveau décrit la pratique de l'orthopédagogue dont l'intervention s'adresse aux enfants, aux adolescents et parfois même aux adultes qui éprouvent des difficultés d'apprentissage ou d'adaptation scolaire. L'orthopédagogue évalue les connaissances et les habiletés, dépiste les troubles d'apprentissage, aide à préciser la nature des problèmes et intervient de concert avec les intervenants de l'école. L'auteur nous fait bien comprendre que l'intervention psychopédagogique vise à ce que l'enfant trouve ou retrouve le plaisir d'apprendre et de découvrir.

Mireille Gauthier, orthophoniste, nous introduit à cette discipline qui voit à l'évaluation de la communication et du langage oral et écrit tant chez l'adulte que chez l'enfant. Chez l'enfant, qui est un être en croissance, la sphère du langage est une dimension importante étroitement reliée aux autres aspects de son développement. Un retard ou un trouble du langage non traité peut avoir un impact sur son évolution alors que certains problèmes de santé mentale ont parfois un impact sur le développement langagier.

Louise Boisjoly nous présente le travail de l'ergothérapeute. Il s'agit d'une discipline qui s'intéresse à la capacité fonctionnelle nécessaire à l'accomplissement d'une activité. L'ergothérapie est en fait une méthode de rééducation et de réadaptation sociale qui s'effectue par le biais de l'activité physique, notamment par le travail manuel. L'ergothérapeute évalue la capacité « à faire » une activité, elle élabore son intervention en vue de stimuler l'enfant et de lui permettre de se développer et de retrouver le plaisir de découvrir ainsi que de réaliser certaines tâches par le biais d'une activité physique ou manuelle.

Johanne Durivage et Nicole Gendron décrivent une discipline qui se rapproche de l'ergothérapie, la psychomotricité. Élaborée principalement en Europe, la psychomotricité s'intéresse au développement psychomoteur. En effet, l'évolution de l'enfant durant la petite enfance s'observe principalement à travers le développement psychomoteur (par exemple le développement de la motricité globale et de la motricité fine, de la coordination...), celui-ci étant en étroite relation avec le développement cérébral. L'évaluation et l'intervention en psychomotricité concernent donc le rapport entre l'enfant et son corps.

Céline Champagne et Gilles Vaillancourt, travailleurs sociaux, nous introduisent au travail social. Comme ils nous le font découvrir, le travailleur social a un large domaine d'intervention, qui va de l'évaluation psychosociale à l'intervention sociale; celles-ci visent à favoriser, par l'interaction avec l'environnement, le développement personnel et social ainsi que l'amélioration ou la restauration du fonctionnement social. En effet, pour l'enfant comme pour l'adolescent, la dimension familiale et sociale est importante et une intervention auprès des parents, de la famille ou de l'environnement social constitue souvent une voie privilégiée pour venir en aide ou contribuer à une intervention plus globale.

Enfin, Céline Pilon et Lucie Thibault nous brossent un portrait des pratiques et des lieux d'intervention des infirmières. Celles-ci jouent un rôle important dans la promotion et dans la prévention en santé mentale. Elles interviennent tant auprès du patient que de sa famille et sont notamment présentes dans les écoles, les centres locaux de services communautaires, les cliniques externes de psychiatrie, les unités de soins et les unités périnatales.

Bernadette Côté

Un peu d'histoire

Bernadette Côté
psychologue

Les interventions en santé mentale se sont beaucoup développées au cours des dernières années et il est intéressant de pouvoir situer leur évolution. Rappelons d'abord que dans l'histoire de l'humanité, les problèmes de santé mentale ont été interprétés de différentes façons. Ainsi, selon les époques et les cultures, ils ont pu être compris comme étant liés à une influence maléfique, à la magie ou à un mauvais sort par exemple. Avec le développement des sciences, on a commencé à s'interroger sur les bases biologiques pouvant occasionner ou expliquer les troubles mentaux. On s'est questionné sur les liens entre ces troubles et le fonctionnement du cerveau, ce qui constitua le début de la neurologie.

Les grands courants de pensée

Le désir de compréhension des problèmes de santé mentale a pris son essor au tournant du XXe siècle. À cette époque, Freud, qui avait reçu une formation en médecine et en neurologie, émet l'hypothèse que des conflits internes de nature affective et inconscients du sujet sont à la source des problèmes de santé mentale. C'est ce qui a donné naissance au courant psychanalytique. L'intervention analytique visait à tenter de mieux cerner le sens inconscient du symptôme. Ajoutons que c'est à l'intérieur de ce courant que nous retrouvons les pionniers de l'intervention thérapeutique auprès des enfants. Mentionnons, par exemple, Anna Freud, la fille de Freud, qui avait initialement une formation d'enseignante et qui tenta un rapprochement entre l'éducation des enfants et la psychanalyse. Mélanie Klein, à la même époque, initia des psychothérapies d'enfants en utilisant le jeu symbolique. L'approche psychanalytique a eu un impact important tant en Amérique du Nord qu'en Europe dans la compréhension des problèmes de santé mentale.

Par la suite, d'autres courants se sont développés, notamment en réaction à la psychanalyse. Ainsi, le courant béhavioral a initialement adopté le modèle expérimental en se centrant essentiellement sur les comportements observables et en rejetant toute interprétation du sens du comportement. C'est cette approche qui est à l'origine des théories de l'apprentissage social et du conditionnement opérant; le symptôme peut être compris ici comme étant une réponse « apprise » ou « conditionnée » par la stimulation de l'environnement. Des approches thérapeutiques se sont développées en s'inspirant de ce courant, notamment les thérapies comportementales et cognitives.

Les années 1960 ont vu apparaître le courant existentiel/humaniste qui remettait en question la vision de l'individu comme étant atteint de psychopathologie et qui choisissait de privilégier les capacités de l'être humain à orienter son existence et à se réaliser de façon optimale en mettant l'accent sur le moment présent, « l'ici et maintenant ». Cette approche s'est davantage développée dans les interventions visant la croissance personnelle. L'approche rogerienne est issue de ce courant.

Enfin, le courant systémique/interactionnel s'est développé plus récemment dans le domaine de la santé mentale. Inspirée des théories de la communication, cette approche conçoit la famille ou l'environnement d'un individu comme un système qui fonctionne avec ses lois et qui recherche un équilibre. Plutôt que de se centrer sur l'individu, l'intervention vise alors à comprendre le fonctionnement d'un groupe d'individus et à en saisir les interactions. Ici, par exemple, le symptôme peut être compris comme étant généré par une dysfonction du système familial ou environnemental et comme visant le maintien de l'équilibre du système. C'est ce courant qui a fortement influencé le développement des thérapies familiales.

Lorsque nous considérons le développement des interventions en santé mentale, nous ne pouvons omettre l'influence importante exercée par la pharmacothérapie. Les premiers neuroleptiques ont fait leur apparition dans les années 50 et ont permis l'amorce de la désinstitutionalisation et du virage ambulatoire. Le succès de leur utilisation, en permettant à des individus très atteints de devenir plus fonctionnels, a en effet amorcé l'utilisation d'une nouvelle approche et a stimulé la recherche et le développement dans le domaine de la pharmacothérapie.

L'intervention en santé mentale infantile au Québec: les débuts

En ce qui concerne l'évolution des interventions dans le domaine de la santé mentale auprès des enfants, les premiers services organisés ne datent que de quelques décennies. Les changements sociaux, au Québec comme à travers le monde occidental, ont conduit à la prise en compte des besoins des enfants, à la scolarisation obligatoire et à la mise en place de lois protégeant les enfants. Par ailleurs, l'adolescence comme phase de développement est un phénomène relativement nouveau. Tous ces facteurs ont contribué à ce que les enfants et les adolescents d'aujourd'hui bénéficient de services plus élaborés.

Les interventions en santé mentale auprès des enfants se sont développées à la suite de la mise en place des interventions destinées d'abord aux adultes. Au Québec, c'est en 1923 que s'établit la première clinique de santé mentale pour enfants; cette clinique (*Child Guidance Clinic*), inspirée des courants américains, est fondée dans le milieu montréalais anglophone. Dans cette mouvance, d'autres cliniques de santé mentale pour enfants voient le jour. Elles sont en général constituées d'un pédopsychiatre et d'une infirmière, auxquels se joindront parfois d'autres professionnels (un psychologue, un travailleur social, etc.). C'est ainsi que, dans la région de Québec, s'ouvre en 1928 le Pavillon-École La Jemmerais, centre médico-pédagogique dirigé par un psychiatre et visant à accueillir des déficients mentaux de 6 à 18 ans.

Une première école de service social est fondée au Québec en 1928 à l'Université McGill puis, en 1939, à l'Université de Montréal. Le département de psychologie de l'Université de Montréal est quant à lui fondé en 1942. C'est aussi dans ces années qu'une première clinique de santé mentale voit le jour à l'Hôpital Sainte-Justine situé alors sur la rue Saint-Denis. Ce n'est toutefois qu'en 1957, avec l'inauguration du nouvel établissement sur le chemin de la Côte-Sainte-Catherine, que s'organise le département de psychiatrie avec la constitution d'équipes multidisciplinaires.

Les équipes multidisciplinaires: l'évolution des équipes

Au départ, les cliniques de santé mentale sont formées de médecins psychiatres accompagnés d'infirmières, qui s'adjoignent d'autres professionnels comme des travailleurs sociaux et des psychologues. Depuis, les équipes multidisciplinaires se sont élargies et enrichies avec l'arrivée de nouvelles disciplines davantage centrées sur les aspects développementaux ou sur les aspects d'apprentissage et d'éducation. Les enfants et les adolescents sont en effet des êtres en développement et il est devenu important de les considérer dans leur globalité, de pouvoir comprendre leur fonctionnement et d'intervenir dans les différentes sphères de leur développement.

Par ailleurs, plusieurs professions ne se sont développées que plus récemment. Il est intéressant d'en voir l'évolution. Ainsi, la profession d'éducateur spécialisé, nommé par la suite psychoéducateur, a vu le jour vers 1945 en France ; elle était destinée à développer l'intervention auprès des enfants et des jeunes abandonnés ou délinquants. Le premier centre de formation au Québec s'est ouvert en 1953 à partir des expériences d'intervention auprès de jeunes mésadaptés socio-affectifs de Boscoville et du Centre d'orientation.

L'orthopédagogie est quant à elle une discipline née à l'intérieur du cadre de la Faculté des Sciences de l'éducation, au milieu des années 60, afin de mieux comprendre et d'intervenir efficacement auprès des enfants en difficultés d'apprentissage.

La psychomotricité est aussi une discipline récente qui s'est intégrée officiellement en France et en Suisse en 1964. C'est en 1966 qu'une première psychomotricienne est venue travailler au Québec.

L'ergothérapie est, quant à elle, issue des sciences de la santé. Fondée sur l'utilisation thérapeutique du travail, de l'activité et du jeu comme médium de relation et moyen d'intervention, l'ergothérapie a d'abord été utilisée auprès d'une population psychiatrique adulte. Elle s'est développée au début du XXe siècle aux États-Unis, mais ce n'est qu'au milieu des années 50 que la première école francophone ouvre ses portes à l'Université de

Montréal. Au début des années 60, les ergothérapeutes sont intégrés aux équipes de pédopsychiatrie.

L'orthophonie est aussi une discipline récente. C'est en Europe et aux États-Unis que sont d'abord apparues les formations universitaires, mais c'est au cours des années 50 que se crée le premier programme de formation en orthophonie au Québec, à l'Université de Montréal. Elle est cependant pratiquée dans les milieux hospitaliers québécois depuis le début du XIXe siècle.

De l'équipe multidisciplinaire à l'interdisciplinarité

Ces différentes disciplines en santé mentale destinées aux enfants se retrouvent fréquemment au sein d'une équipe qualifiée de « multidisciplinaire ». Il s'agit d'une équipe formée de différents spécialistes dans laquelle chacun des membres apporte un éclairage différent quant à la compréhension d'une problématique, ou peut être en mesure d'offrir une intervention spécifique. En milieu hospitalier ou pédopsychiatrique, c'est le médecin ou le psychiatre qui joue le rôle de chef d'orchestre ; c'est lui qui initie une consultation auprès d'un ou de plusieurs autres spécialistes et qui coordonne l'évaluation ou l'intervention globale. Dans un milieu différent, ce rôle peut être joué par un autre professionnel.

Quoi qu'il en soit, on constate partout l'importance d'une concertation de plusieurs professionnels dans une intervention, ce qui correspond à une perspective d'interdisciplinarité. Le travail en équipe est en soi une richesse lorsque les spécialistes peuvent travailler ensemble à une compréhension globale de l'enfant ou de l'adolescent et collaborer, de façon complémentaire, à une intervention cohérente et concertée.

Qu'est-ce qu'un pédopsychiatre ou psychiatre pour enfants ? *

Louise Rousseau
pédopsychiatre

Un psychiatre est un médecin qui, après avoir complété des études en médecine, se spécialise en psychiatrie, de la même façon que d'autres médecins se spécialisent en chirurgie ou en pédiatrie par exemple.

Les psychiatres pour enfants sont moins nombreux que les psychiatres pour adultes et, la plupart du temps, ils travaillent dans un milieu hospitalier en équipe multidisciplinaire. Si certains pédopsychiatres ont des responsabilités d'enseignement, de conférences et de recherche, la plupart se consacrent à la clinique, c'est-à-dire à l'évaluation et au traitement d'enfants en difficulté ainsi qu'à l'articulation avec les milieux qui offrent

* L'addition de la formation en médecine et de la formation psychiatrique permet au psychiatre l'intégration des aspects psychologiques et émotifs ainsi que des aspects médicaux, biologiques et génétiques des problématiques. Tous les psychiatres ont une formation de base obligatoire incluant la psychiatrie infantile, mais les pédopsychiatres (ou psychiatres pour enfants) ont choisi de consacrer une plus grande partie de leur formaton à l'étude des problématiques psychiatriques propres aux enfants, aux adolescents et à leur famille.

des services à ces enfants, soit l'école, les centre locaux de services communautaires ou la Direction de la protection de la jeunesse.

Nous abordons ici davantage le travail des pédopsychiatres qui sont en milieu hospitalier que le travail de ceux qui exercent en privé comme thérapeutes d'enfants ou experts pour la cour et qui ont une intervention qui ressemble à celle d'autres professionnels du réseau privé.

Champs d'intervention

On limite trop souvent la compétence des psychiatres à l'évaluation, au traitement des maladies mentales et à la médication. Cela est restrictif, car les connaissances sur la maladie mentale permettent de faire la distinction entre une étape de vie difficile, une réaction intense à un traumatisme et une maladie en voie d'installation ou déjà installée (ex.: dépression par opposition à période de tristesse).

Avec les enfants et les adolescents, la préoccupation est souvent de clarifier s'il s'agit:

- d'un problème de développement;
- d'une réaction psychologique marquée par rapport à des changements dans l'environnement (familial ou scolaire);
- d'un problème psychiatrique en voie d'installation;
- d'une réaction émotive à une maladie physique.

La distinction est d'autant plus difficile à faire que les problèmes psychiatriques ne se présentent pas de la même façon chez les enfants et chez les adultes et que, de plus, ils évoluent et se traitent souvent différemment.

Mario, 6 ans, est amené en consultation parce qu'il a peur des « bibittes » et parce que, depuis le début de la première année, il ne veut pas aller à l'école. L'évaluation de la situation montre des éléments phobiques (peur des « bibittes » par exemple), mais n'explique pas la réticence à la fréquentation scolaire de l'enfant, réticence plus marquée en première année qu'en maternelle. Il ressort de l'entrevue que Mario a des problèmes de développement (retard du langage et maladresse au plan moteur) et qu'il en découle des difficultés, notamment en écriture. Dans ce cas-ci, en raison de l'âge de l'enfant, les aspects du développement moteur, du langage et de la maturité affective doivent être évalués pour mieux définir le problème qui, à première vue, semblait de l'anxiété de séparation et des phobies. Un enfant inquiet qui s'aperçoit qu'il n'y arrive pas comme les autres deviendra encore plus anxieux et dévalorisé. Le type d'aide à apporter à l'enfant et au parent perplexe et inquiet par rapport aux réactions du petit tiendra donc compte de ces différents éléments.

Aller voir un pédopsychiatre : quand et pourquoi ?

L'adulte qui se sent mal (déprimé, angoissé ou anxieux) décide lui-même s'il veut consulter. Avec les enfants ou les adolescents, ce sont habituellement les parents qui ont cette responsabilité. Parfois, des adolescents plus âgés (à partir de 14 ans) décident eux-mêmes de consulter, comme les adultes, mais plusieurs d'entre eux ont encore besoin du soutien des parents dans cette démarche.

Les parents demandent de l'aide pour leur enfant à la suite de confidences inquiétantes, dépressives ou suicidaires, en raison de difficultés vécues à l'école ou avec les amis ou relativement à des comportements « dérangeants » ou « perturbateurs ». Ils ressentent souvent le besoin d'une aide pour apaiser leurs inquiétudes.

Au nombre des raisons de consultation en clinique externe de psychiatrie, on retrouve des problèmes scolaires, des troubles du développement (du retard de développement à l'autisme), des troubles de type peurs, anxiété, obsessions, tristesse ou mutisme, des problèmes de comportement, de discipline, d'hyperactivité, ou des réactions intenses à des changements récents et à des traumatismes. Les pensées ou les tentatives suicidaires de même que les tics, l'automutilation et les délires sont aussi du nombre des raisons de consultation.

La tâche est donc ardue pour les parents qui doivent décider pour leur enfant. Les pères et les mères se demandent s'ils s'inquiètent trop ou pas assez, trop tôt ou trop tard ; parfois ils sont en désaccord, l'un reprochant à l'autre de se faire trop ou pas assez de soucis.

Il arrive souvent que les parents discutent avec le médecin de famille ou le psychologue scolaire de la pertinence de la consultation, car ces professionnels peuvent les aider et les orienter vers la ressource la plus appropriée (CLSC, psychologue scolaire, clinique psychiatrique ou psychologue en privé), selon le type ou l'intensité du problème. Mais on retrouve aussi d'autres situations où le parent se sent forcé par les intervenants : « L'école me demande de consulter mais, à la maison, je trouve le comportement de mon enfant tout à fait normal », « La travailleuse sociale insiste pour qu'il y ait une consultation, mais je ne crois pas que ce soit utile ».

Le pédopsychiatre, comme les autres professionnels en santé mentale, aura du mal à aider un enfant et ses parents si ceux-ci n'acceptent pas la démarche. L'enfant a besoin de sentir que ses parents font confiance au « docteur » pour accepter de lui parler, et toute aide donnée à un enfant doit aussi s'articuler avec les parents.

Des questions fréquentes

« Docteur, comment va se passer ce premier rendez-vous ? Est-ce qu'il faut que son père vienne aussi ? Est-ce qu'il faut que je parle de tout devant Noémie ? Julien va se fâcher si je parle de ses colères ou de ses mauvaises notes. »

Les parents posent souvent ces questions avant la première rencontre. Après quelques explications sur le déroulement de l'entrevue, la discussion évolue habituellement vers la préparation de ce rendez-vous. Voici quelques éléments en réponse aux inquiétudes des parents.

- Avez-vous parlé à votre enfant (ou à votre adolescent) de cette consultation ? Il vaudrait mieux en parler avec lui avant de fixer un rendez-vous.
- Est-ce que votre adolescent de 14 ans accepte de venir parler de ses problèmes ? Est-il prêt ?
- Est-ce que votre enfant comprend ce qui vous inquiète ?
- Est-ce que son père (ou sa mère) partage le même point de vue que vous et peut venir avec vous ?

Voici à ce sujet quelques conseils à retenir. Tout d'abord, l'enfant doit savoir qu'il ne vient pas rencontrer le pédopsychiatre pour se faire réprimander, mais plutôt pour améliorer la situation et donc diminuer les querelles, les tensions ou les déceptions. Il est rassurant pour l'enfant de savoir que ses parents s'entendent sur les décisions qui le concernent. Il faut se souvenir qu'il est plus facile de parler de peurs ou d'inquiétudes que d'admettre ses problèmes de comportement, d'agressivité ou ses mauvais coups… et cela vaut pour les grands comme pour les petits. Un dernier conseil: certains parents s'inquiètent d'être jugés. Or, ils doivent comprendre qu'en posant des questions à l'enfant et à ses parents, le psychiatre en arrive à mieux les connaître, à avoir une meilleure idée de leurs difficultés, de leurs inquiétudes, de leurs attentes et frustrations par rapport aux problèmes de l'enfant. Tout cela permet de définir l'aide la plus adéquate à apporter.

La première rencontre

La première rencontre se déroule habituellement en deux temps. Elle regroupe d'abord les parents et l'enfant (ou l'adolescent) pour mieux comprendre à la fois le problème présenté et l'enfant tel qu'il est dans son développement physique et psychologique, dans son fonctionnement global. Le professionnel en santé profite de ce moment pour savoir ce que l'enfant ou l'ado aime, ce qui le rend joyeux ou triste, les pertes vécues, ses frustrations, s'il est capable d'en parler, sa place dans sa famille, son lien avec les parents, la fratrie, les amis, les relations amoureuses, l'école, les apprentissages, les intérêts et difficultés scolaires, etc. La rencontre se veut un moment où l'enfant et ses parents prennent un recul par rapport au problème présenté afin de mieux comprendre la situation. Cette première étape aide le médecin à mieux saisir la problématique et se révèle être aussi un temps de réflexion pour l'enfant et ses parents.

Les parents hésitent parfois à aborder certains comportements de leur fils ou de leur fille en sa présence. Toutefois, il est toujours intéressant de constater la réaction des enfants quand les parents acceptent d'en parler. Ils sont capables «d'entendre» s'il ne s'agit pas d'une accusation et si cela permet à chacun de réfléchir à la situation.

Marie est encoprétique (échappe des selles dans sa culotte) et hésitante par rapport à la consultation. En rencontre, la mère décide d'ouvrir le sujet devant sa fille, mais accepte aussi de parler de son inquiétude de mère: «Cette encoprésie la gêne et elle ne veut pas que je vous en parle. Le problème me préoccupe, je réagis beaucoup, je m'énerve quand l'école m'appelle, Marie se fâche et cache encore plus son problème. Je viens pour elle, mais aussi pour savoir comment l'aider.»

Une autre mère laisse des confidences dans ma boîte vocale: «Docteur, je voudrais vous parler en l'absence de Valérie (âgée de 16 ans). Je ne suis pas certaine qu'elle vous dira tout... J'ai lu dans son journal qu'elle pense au suicide. Je ne voudrais pas qu'elle sache que j'ai lu son journal, ni que je vous en ai parlé... Je peux vous apporter la photocopie...»

Dans un tel contexte, je me demande comment faire accepter à ce parent inquiet que l'écoute en cachette de ses inquiétudes parentales n'aidera pas cette adolescente à me faire confiance... et ne favorisera pas la confiance entre elle et son ado. «Vous êtes inquiète de certains comportements de votre ado. Je vous propose d'en discuter ensemble.»

Souvent les parents acceptent d'expliquer ce qu'ils vivent devant une Valérie d'abord sur la défensive: «Ma fille ne me parle pas, elle semble triste, de mauvaise humeur, je m'inquiète du suicide, je me demande ce qu'elle a et je ne sais comment réagir.»

Un ado sera rassuré d'entendre que ses parents se préoccupent de lui et arrivent à en parler. Pour ma part, je choisirai tantôt de continuer d'explorer le sujet en

> famille, avec l'ado et ses parents, et tantôt il m'apparaîtra souhaitable de trouver un professionnel de l'équipe qui pourra rencontrer les parents seuls et faire le tour de leurs inquiétudes.

La deuxième partie de la rencontre se déroule avec l'enfant sans les parents et prend la forme de discussions, de jeux ou de dessins ou de tout autre moyen qui lui permet de s'exprimer, et ce, en tenant compte de son âge. Certains enfants sont inquiets et ont besoin d'être encouragés pour rester seuls avec le psychiatre; au contraire, d'autres sont très satisfaits de cette situation.

On modifiera parfois la manière de procéder selon l'âge de l'enfant: on peut décider de rencontrer d'abord les parents d'un jeune enfant ou, à l'opposé, de voir un adolescent seul, sans ses parents. Les ados et même les enfants plus jeunes ne souhaitent pas que le psychiatre rapporte à papa ou à maman leurs propos et n'acceptent de faire confiance que dans un contexte où on a établi ce qui se discutera devant les parents et ce qui restera confidentiel. Ce problème de confidentialité n'est pas exclusif à l'évaluation psychiatrique; les thérapeutes d'enfants et les psychologues y font tous face. Il est introduit ici parce que la question se pose dès le premier entretien et laisse certains parents perplexes. Très souvent les parents comprennent d'emblée qu'il est souhaitable de ne pas questionner leur garçon ou fille sur le contenu de l'entrevue.

Un troisième moment de la rencontre a souvent lieu plus tard entre les parents d'une part et, d'autre part, le pédopsychiatre (ou la travailleuse sociale de l'équipe psychiatrique) afin de comprendre le fonctionnement familial. Un parent décide de consulter en psychiatrie après avoir exploré différentes façons d'aider son enfant; l'évaluation globale de la problématique suppose une très bonne compréhension du point de vue des parents et ceux-ci se sentent plus souvent à l'aise sans leur enfant pour aborder certains aspects de leur rôle parental. Très souvent, les parents font des liens avec leur propre enfance ou avec l'éducation reçue, soit pour exprimer des valeurs qu'ils veulent conserver ou, au contraire, pour parler des expériences qu'ils ne veulent pas répéter.

Le pédopsychiatre se doit de porter une attention particulière à l'aspect familial, plus précisément à la relation parents-enfant. Quel que soit le type de pathologie, les parents et la famille ont un impact sur l'évolution de l'enfant. Et toute approche thérapeutique doit impliquer les parents.

La première rencontre se vit souvent autrement si elle se déroule à l'urgence, dans un état de crise qui amène les parents ou l'adolescent à consulter. Ni le parent, ni l'enfant ou l'ado n'avaient pensé ou accepté une consultation psychiatrique et ce sont les circonstances qui les y amènent. La préparation a souvent été brève et c'est souvent après cette consultation que l'ado ou les parents questionneront la pertinence de poursuivre l'intervention en psychiatrie.

Des points de repère supplémentaires sur l'évaluation

Sur le plan statistique, on constate que la plupart des enfants ou adolescents qui ont besoin à un moment ou à un autre d'une aide psychiatrique sont évalués et traités en clinique externe. Les hospitalisations sont réservées aux problèmes *sérieux*, nécessitant une intervention *intensive*, habituellement assez *brève*, et qui *ne peut se faire* à la maison ou à l'école. Il est reconnu que l'enfant a besoin de sa famille et il faut bien évaluer la situation avant de garder un enfant loin des siens.

L'évaluation psychiatrique se fait au cours de rencontres avec les parents et leur enfant. Les psychiatres peuvent parfois recourir à des questionnaires, mais ils ne font pas passer de tests comme le font les psychologues, par exemple.

Après l'évaluation psychiatrique, le pédopsychiatre peut parfois avoir besoin d'évaluations complémentaires à celles faites par l'école ou le centre local de services communautaires, que ce soit pour préciser un diagnostic ou pour mieux définir le niveau de fonctionnement du patient, c'est-à-dire pour voir à quel point une problématique perturbe la vie émotive, cognitive, scolaire ou sociale de cet enfant. En milieu hospitalier, les cliniques pédopsychiatriques sont multidisciplinaires ; il est donc possible de demander une évaluation psychologique, sociale, en orthopédagogie, en ergothérapie ou en psychomotricité. Cette collaboration entre professionnels permet d'aider des enfants qui sont aux prises avec des problématiques mixtes ou complexes (une problématique émotive et neuropsychologique, une problématique individuelle et familiale, etc.).

Comment décider de l'intervention qui aidera l'enfant ou l'adolescent ?

La problématique et le diagnostic étant maintenant plus clairs, le psychiatre se pose certaines questions avant de définir le type d'aide à apporter.

S'agit-il d'un problème qui nécessite une aide psychiatrique ? Quels sont les symptômes et les comportements dérangeants ? L'enfant est-il problématique à la maison, à l'école ou à l'intérieur de lui-même ? Qui *veut* de l'aide ? Qui a *besoin* d'aide ? L'enfant ? La mère ? Le père ? Les deux parents ? L'école ? La travailleuse sociale qui suit le patient ?

L'objectif est d'aider l'enfant à reprendre son développement psychologique dans son milieu familial, scolaire et avec ses amis. Rappelons, par exemple, qu'un enfant (anxieux, phobique, hyperactif, autiste, etc.) qui vit trop d'échecs à l'école finit par ne pas aimer apprendre et se ferme aux expériences du milieu scolaire. Et un adolescent avec un trouble anxieux peut décider de ne pas retourner à l'école.

L'approche choisie doit tenir compte de plusieurs facteurs :

- *le type de problème (le diagnostic)* : on ne traite pas un enfant avec un problème d'hyperactivité comme celui en mutisme électif, en crise de panique ou d'anorexie ;
- *les problèmes associés au problème principal (la comorbidité)* : l'enfant qui a un syndrome de Gilles de la Tourette avec trouble obsessif-compulsif a des besoins différents de ceux de l'enfant avec le même diagnostic mais associé à de l'hyperactivité ou à des troubles d'apprentissage ;
- *l'âge* : les plus jeunes s'expriment davantage par le jeu que les plus vieux ;
- *la capacité « d'introspection » de l'enfant* : l'aide accordée à un enfant ou à un ado conscient de son problème et capable d'en parler avec des mots (ou en jeu) sera différente de celle à apporter à celui qui dit que tout va bien et que ce sont ses parents ou les professeurs qui sont trop exigeants ;
- *la demande d'aide* : la demande est faite pour l'enfant, mais il arrive que les parents désirent aussi de l'aide; d'autre part, un adolescent de 14 ans et plus peut souhaiter consulter seul sans aviser ses parents;
- *la sévérité du problème* : très souvent des entrevues en clinique externe suffisent ; une médication peut être appropriée ; il faut parfois hospitaliser l'enfant ou l'adolescent pour une observation.

Différents types d'approches en pédopsychiatrie

Voici quelques-unes des approches que peut choisir le pédopsychiatre ou que ce dernier peut recommander pour un enfant en l'orientant vers un professionnel de son équipe :

- thérapies individuelles (psychodynamique, psychanalytique, cognitivo-behaviorale, etc.) ;
- thérapies de groupe de socialisation ou psychopédagogique ;

- thérapie parents-enfant ;
- thérapie familiale ;
- guidance parentale (*counselling*) ;
- pharmacothérapie ;
- centre de jour ;
- hospitalisation.

Est-ce que chaque psychiatre d'enfant est spécialiste de *chacune* de ces approches ? Bien sûr que non, mais la plupart se sont spécialisés dans *quelques* approches. En centre hospitalier, le médecin psychiatre doit définir le besoin d'aide de chacun des patients qu'il évalue et il articule son intervention avec celles d'une équipe de professionnels formés aux différentes approches thérapeutiques. Si un traitement est indiqué, si l'enfant, l'ado et les parents sont d'accord pour poursuivre, le psychiatre ou un membre de l'équipe commencera le traitement. Cependant, à titre de médecin, il demeure responsable de la partie pharmacologique du traitement *si elle est nécessaire*. Il est responsable de soupeser les avantages et les inconvénients d'une médication, les avantages et les inconvénients de *ne pas* donner de médication… et d'en discuter avec le patient (selon son âge) et ses parents. S'il travaille en bureau privé, le pédopsychiatre peut choisir de se consacrer à une approche spécifique et il réoriente vers d'autres collègues les enfants et les parents qu'il ne peut aider.

Même si le psychiatre ne demeure pas engagé directement dans le traitement et même si après l'évaluation il ne rencontre pas l'enfant ou ses parents, il conserve une fonction de « chef d'orchestre » : cela s'appelle la responsabilité médicale. Ce qui signifie que si la situation n'évolue pas suffisamment, le professionnel peut demander au psychiatre de discuter de l'évolution ou même de revoir le patient. C'est très important et enrichissant de pouvoir suivre, tantôt de près, tantôt de loin, l'évolution et l'impact de l'approche thérapeutique proposée, ainsi que de la réévaluer au besoin.

Quelques pédopsychiatres ont spécialisé leur pratique en fonction de pathologies ou d'approches thérapeutiques (par exemple, une clinique de troubles envahissants du développement, en pharmacothérapie, etc.). Très souvent ces super-spécialistes se retrouvent en clinique spécialisée ou dans les unités d'hospitalisation.

Comment s'y retrouver à travers toutes ces explications sur les causes des problèmes psychologiques ou psychiatriques et à travers toutes ces thérapies ? Est-ce génétique, neuropsychologique, psychodynamique, comportemental, cognitif, familial, et j'en passe ? Dans la pratique de la pédopsychiatrie, il est nécessaire d'intégrer les différents facteurs contributifs, car une problématique comporte plusieurs aspects et il n'est pas utile de ne chercher qu'une seule cause ou de vouloir trouver un coupable. Il ne faut pas se perdre dans ces querelles d'écoles de pensée, mais plutôt chercher, à travers les *différentes approches*, celle qui aidera cet enfant, cet ado, cette famille aux prises avec une pathologie.

Psychologue pour enfants *

Bernadette Côté
psychologue

Introduction

De nos jours, consulter un psychologue pour enfants est de plus en plus courant même si les parents, au premier abord, peuvent être perplexes à la perspective de cette consultation. Lorsque son propre enfant présente des difficultés, la crainte d'être jugé peut surgir. Les parents se remettent alors en question, se demandant s'ils ont fait tout ce qu'il fallait faire. Ils sont aussi souvent profondément touchés à l'idée que leur enfant puisse être en difficulté.

* Le psychologue est un professionnel qui possède une formation universitaire spécialisée en psychologie. De manière générale, cette formation est centrée sur la compréhension du comportement humain et sur l'apprentissage des diverses techniques visant à aider les individus à résoudre des difficultés personnelles. Des quelque 6000 psychologues qui pratiquent au Québec, une partie seulement travaille avec une clientèle infantile. Ces psychologues ont généralement reçu une formation spécialisée relative au développement de l'enfant, aux problématiques infantiles et aux techniques spécifiques d'entrevues, d'évaluation et de traitement des enfants. Il est important de mentionner qu'au Québec, le titre de psychologue est protégé, c'est-à-dire que tous les psychologues doivent être inscrits au tableau des membres de l'Ordre des psychologues du Québec.

Par ailleurs, les parents prennent de plus en plus conscience qu'il existe aujourd'hui des services qui n'étaient pas aussi accessibles au moment où ils étaient eux-mêmes enfants ou adolescents. Quant aux médias, ils contribuent à informer les parents et les intervenants des ressources possibles.

La profession de psychologue

Champs d'intervention

Le travail du psychologue pour enfants est souvent centré sur l'évaluation psychologique – le psychologue étant le professionnel qui peut administrer des tests pour évaluer le fonctionnement intellectuel ou mieux cerner la personnalité – et sur la psychothérapie.

Les psychologues spécialisés en infantile (ceux-ci sont parfois appelés pédopsychologues) se retrouvent principalement dans les centres hospitaliers, les cliniques de pédopsychiatrie, les centres locaux de services communautaires, les écoles et en pratique privée. La pratique de chacun varie cependant en fonction du mandat que leur donne l'institution où ils travaillent.

L'entrevue initiale

La première entrevue est souvent une prise de contact au cours de laquelle on fait le « tour du jardin ». Cette première rencontre peut prendre différentes formes. Elle se déroule généralement avec les parents et l'enfant ou elle s'effectue en famille. Surtout lorsqu'il s'agit de jeunes enfants, il arrive que la première entrevue se déroule sans la présence de l'enfant afin de prendre le temps d'écouter les parents faire part de leurs préoccupations et de leurs observations relatives à l'enfant. Pour certains parents, cette première rencontre permet de voir s'il y a lieu ou non de consulter. En effet, il arrive que les parents se questionnent sur la nécessité de la consultation et, en ce sens, une première entrevue peut servir à donner un éclairage et à évaluer l'indication de poursuivre. Les parents peuvent aussi se questionner sur leurs méthodes éducatives et demander l'avis d'un professionnel. On peut consulter un spécialiste non seulement en cas de difficultés, mais aussi dans les situations où on s'interroge sur des attitudes parentales.

Ces rencontres permettent généralement aux parents de préciser leurs observations, de mieux saisir les besoins de leur enfant et de se sentir plus cohérents et plus solides dans leurs interventions.

En d'autres occasions, les parents ont observé que l'enfant éprouve certaines difficultés ou qu'il manifeste certains problèmes (anxiété, agressivité, problèmes sur le plan scolaire...). Ici encore, les parents s'interrogent : est-il normal que mon enfant soit si agité, qu'il fasse si souvent des crises, qu'il ait de la difficulté à dormir ou qu'il exprime autant de craintes et de peurs ? Comment réagir devant de telles situations ? La rencontre avec un psychologue peut permettre en effet de faire la part entre ce qui relève d'une phase développementale et d'une réaction à une situation et ce qui relève d'une problématique en voie d'installation.

La première entrevue avec l'enfant

Lorsqu'il s'agit de consulter un psychologue, les parents se demandent souvent comment présenter la démarche à l'enfant. Certains se sentent inconfortables de parler avec l'enfant de ses difficultés. Et pourtant, le fait d'en parler est souvent un soulagement.

L'étape où les parents en parlent entre eux, réfléchissent, s'informent, est un début de solution. Par la suite, en parler avec l'enfant en utilisant des mots simples constitue un moyen de lui montrer que ses parents sentent qu'il est aux prises avec un problème, qu'ils sont sensibles à ce qu'il vit et qu'ils veulent l'aider à trouver des solutions. Il arrive souvent que l'enfant ressente un malaise, réagisse par divers comportements tout en ayant de la difficulté à identifier ce qui ne va pas et à le formuler. En parler avec lui permet de mettre des mots sur des perceptions ou des émotions qui sont confuses pour lui. De plus, pouvoir en parler sans se sentir jugé ou rejeté permet à l'enfant de se rendre compte qu'il peut avoir des difficultés sans pour autant perdre l'amour et l'estime de ses parents.

Lorsque des parents envisagent de consulter un spécialiste et qu'ils en parlent avec l'enfant, ils lui transmettent le message qu'ils sentent que quelque chose ne tourne pas rond et qu'ils ne vont pas le laisser seul et sans ressources. Ils l'invitent de cette façon à ne pas se replier sur lui-même, à en parler davantage et à participer à la recherche de solutions.

L'évaluation

Lorsqu'on consulte un psychologue pour la première fois, la démarche débute généralement par une étape dite d'évaluation, au sens large du terme. En effet, il est important de bien saisir le problème présenté avant de songer aux interventions à proposer.

Le psychologue explore d'abord les préoccupations ou les difficultés qui amènent la consultation. Quelle en est la perception qu'ont les parents et l'enfant ? Comment y réagit-on au plan affectif ? Qu'est-ce qu'on en comprend ? Généralement, lors des premières entrevues, il fait avec les parents l'anamnèse, c'est-à-dire l'histoire du développement de l'enfant. Il regarde avec l'enfant et ses parents, parfois avec toute sa famille, comment l'enfant se comporte et comment il réagit dans les contextes familial, scolaire et social. Il tente aussi de voir quelles sont les personnes significatives dans l'entourage de l'enfant. Il semble toujours important pour le psychologue de mettre dans une perspective d'ensemble les difficultés qui leur sont rapportées.

Il arrive souvent que l'on explore l'histoire personnelle des parents. Prenons le cas d'Amélie; c'est une enfant très timide, qui a de la difficulté à se faire des amies et qui refuse parfois d'aller à l'école. Sa maman se rappelle qu'au même âge, elle était aussi une enfant timide et isolée; elle avait elle-même souffert de cette situation et elle souhaite que sa fille ne soit pas aux prises avec les mêmes difficultés.

Après les entrevues exploratoires avec les parents, l'enfant est généralement rencontré seul. Le psychologue met à sa disposition du matériel qu'il peut utiliser: papier, crayons, pâte à modeler, jouets qui peuvent favoriser l'expression et la représentation des préoccupations. En effet, l'enfant peut avoir de la difficulté à exprimer verbalement ses perceptions et ses inquiétudes, mais il arrive souvent à les représenter en recourant à différents médiums. Le dessin et le jeu ont pour objectif d'aider l'enfant à s'exprimer et à communiquer les préoccupations qui l'habitent, selon un mode symbolisé.

Avec les enfants, il arrive assez souvent que le psychologue procède à ce qui est appelé un bilan psychologique. Par exemple, plusieurs enfants sont amenés en consultation parce qu'ils présentent des difficultés sur le plan scolaire. Les parents se demandent comment expliquer de telles difficultés et comment intervenir. Le psychologue procède alors généralement à une évaluation à l'aide de tests psychologiques afin de préciser leur fonctionnement cognitif et de voir si des facteurs d'ordre affectif sont en jeu. L'évaluation psychologique à l'aide de tests se déroule souvent sur quelques séances.

On est en droit de se demander en quoi consiste une épreuve intellectuelle pour enfants. Les tests d'intelligence qui sont généralement utilisés consistent en des séries de petites épreuves visant à évaluer différentes fonctions ou ressources afin de dégager les forces et les difficultés de l'enfant. Lorsqu'un enfant présente des difficultés sur le plan scolaire, l'évaluation intellectuelle sert à estimer le rendement intellectuel de l'enfant ou son potentiel, à dépister un retard intellectuel ou à identifier des difficultés spécifiques.

Martin, qui a eu un problème de langage durant sa petite enfance, montre un léger retard en ce qui concerne des tâches qui font appel aux capacités verbales (comme les épreuves de connaissances et de vocabulaire), mais il présente des capacités nettement au-dessus de la moyenne lorsqu'il s'agit de tâches qui font appel à sa capacité d'organisation spatiale. Il montre de bonnes capacités pour se représenter mentalement des modèles géométriques par exemple, mais ses capacités s'actualisent beaucoup plus dans des tâches concrètes ou manuelles plutôt qu'abstraites.

À l'épreuve intellectuelle peuvent s'ajouter des tests complémentaires visant à préciser certains aspects. Après l'analyse des épreuves, on peut en arriver à postuler la présence de troubles d'apprentissage ou, par exemple, celle d'une immaturité neurologique qui affecte certaines fonctions intellectuelles. Le psychologue peut alors faire appel à d'autres professionnels afin de préciser certains éléments. Ainsi, une évaluation en orthopédagogie peut permettre de préciser la présence de troubles d'apprentissage; une évaluation en neuropsychologie (certains psychologues se spécialisent dans l'étude et l'évaluation des fonctions neurologiques ainsi que de leurs impacts sur le fonctionnement cognitif et sur le comportement) permet de mieux cerner la présence et l'influence de facteurs neurologiques sur le fonctionnement. En milieu scolaire, le travail des psychologues est souvent concentré sur l'évaluation des enfants en difficulté sur le plan scolaire ou présentant des problèmes de comportement.

Le psychologue possède aussi des outils d'évaluation qui permettent de mieux cerner la personnalité de l'enfant et les facteurs d'ordre affectif qui peuvent être en cause. Dans la pratique, on utilise souvent ce qu'on appelle les tests projectifs. Ces tests sont en fait des images plus ou moins structurées qui sont présentées à l'enfant et à partir desquelles il lui est demandé soit de dire ce que cela peut représenter, soit d'inventer une histoire à partir des éléments qu'il perçoit. Cela permet au psychologue de voir comment l'enfant se développe sur le plan affectif et comment sa personnalité s'organise pour ainsi mieux saisir le sens des difficultés qu'il présente.

> **Marie-Ève** est une petite fille qui présente des difficultés sur le plan scolaire. Ses parents, qui pourtant mettent beaucoup de temps à l'aider dans ses devoirs, ont l'impression que cela ne suffit pas. L'évaluation intellectuelle de Marie-Ève ne révèle pas d'élément pouvant expliquer clairement ses difficultés. Toutefois, au plan affectif, Marie-Ève se révèle une enfant anxieuse et perfectionniste. Notre évaluation nous conduit alors à proposer des pistes aux parents afin qu'ils puissent aider Marie-Ève à calmer son anxiété.

La démarche d'évaluation amène le psychologue à faire un bilan psychologique qui lui permet de mieux comprendre les difficultés que l'enfant présente, de voir comment l'enfant lui-même perçoit et réagit à celles-ci. Dans le cadre d'une consultation en milieu institutionnel doté d'équipes multidisciplinaires, cette évaluation est souvent faite parallèlement à d'autres démarches d'évaluation qui sont complémentaires les unes aux autres (qu'il s'agisse de l'évaluation pédopsychiatrique, psychosociale, orthopédagogique…). L'évaluation psychologique se situe alors dans le cadre d'une évaluation globale. C'est à l'aide de cette démarche que les spécialistes en arrivent, en équipe multidisciplinaire, à préciser les pistes d'intervention.

Plusieurs professionnels peuvent participer à l'intervention, comme cela se produit pour l'évaluation. Par exemple, dans une équipe multidisciplinaire de pédopsychiatrie, un suivi de guidance parentale peut être offert aux parents par le travailleur social de l'équipe, parallèlement au suivi psychothérapeutique de l'enfant effectué par le psychologue. Un autre professionnel (orthopédagogue, psychoéducateur, psychomotricienne) peut faire un suivi avec l'enfant pour certaines difficultés plus spécifiques.

La psychothérapie

La psychothérapie constitue l'une des tâches du psychologue, que ce soit en bureau privé ou en équipe multidisciplinaire. En effet, le psychologue a généralement une formation en psychothérapie. Outre les différentes approches qui se sont développées en psychologie, suit ici le travail spécifique fait avec la clientèle infanto-juvénile.

L'intervention thérapeutique peut prendre plusieurs formes auprès d'une clientèle infantile. Par exemple, pour certains enfants, l'intervention consiste davantage en des entrevues conjointes avec les parents et l'enfant. Il est dans ce cas davantage question de consultations thérapeutiques. La fréquence varie alors en fonction de ce qu'apportent les parents et l'enfant. Certains psychologues pratiquent la thérapie familiale. Les entrevues se déroulent alors en famille, souvent en présence de plus d'un thérapeute. L'intervention familiale vise généralement à intervenir à propos des interactions et des modes de relation entre les divers membres d'une famille.

Dans certains milieux se pratique la thérapie de groupe; celle-ci s'adresse généralement à des groupes d'âge spécifique et à une clientèle présentant une problématique similaire. Un suivi psychothérapeutique individuel est proposé à certains enfants ou adolescents; la fréquence est alors précisée et le jeune est généralement rencontré de façon hebdomadaire. Pour clarifier une indication thérapeutique, il nous arrive de proposer un essai de quelques rencontres exploratoires afin de voir si l'enfant montre un intérêt pour une telle démarche. Ce type d'intervention s'adresse généralement à des enfants ou à des adolescents qui présentent de l'anxiété, un manque de confiance en soi ou qui traversent une période difficile qui peut parfois être reliée à un événement extérieur (la perte d'un être cher, la séparation des parents...).

Dans la psychothérapie individuelle avec les enfants, différents médiums sont généralement utilisés, qu'il s'agisse du dessin, de productions manuelles ou du jeu. On parle d'ailleurs souvent de thérapie par le jeu. Le jeu est ici utilisé comme moyen de communication, comme moyen d'exprimer et de représenter ce qui serait autrement difficile à verbaliser pour l'enfant.

Sonia, 6 ans, dont les parents viennent tout juste de se séparer, initie un jeu dans lequel elle me demande de jouer le rôle d'une petite fille abandonnée par son père (c'est l'enfant qui élabore le scénario du jeu) alors qu'elle a choisi de jouer le rôle d'une petite fille « bien meilleure » que le papa a décidé d'adopter. Dans son jeu, Sonia réussit à exprimer sa crainte d'être abandonnée par son père qui a quitté la maison parce que, croit-elle, elle n'a pas été assez gentille ni assez bonne.

Il est important de parler d'une certaine entente sur la confidentialité de ces rencontres. En effet, le contenu des séances appartient à l'enfant et, généralement, le psychologue fait une entente avec les parents et l'enfant qui stipule que le contenu des rencontres ne sera pas répété aux parents, à moins que l'enfant ne l'y autorise. Il demeure que des entrevues conjointes parents-enfant peuvent avoir lieu de façon périodique afin de faire le point sur l'évolution de l'enfant. Ces rencontres peuvent s'effectuer avec le thérapeute de l'enfant ou avec la collaboration d'un praticien qui rencontre habituellement les parents. En effet, lorsqu'un enfant est suivi en psychothérapie, un soutien aux parents est très souvent offert par un autre professionnel de l'équipe et peut prendre différentes formes. Ce soutien vise à épauler les parents et à les guider dans leurs interventions afin de les aider à aider leur enfant.

Enfin, une question peut surgir : combien de temps dure une démarche de psychothérapie ? Il est difficile de répondre à cette question, mais il est quand même possible de fournir quelques balises. La fin d'un suivi thérapeutique est généralement discutée avec l'enfant et les parents et elle se prépare. Le professionnel doit prendre en compte la motivation de l'enfant, les observations des parents en ce qui concerne le fonctionnement de l'enfant, leurs perceptions entourant la relation parents-enfant. Il n'est pas aisé de définir les critères de terminaison d'un suivi. Toutefois, outre la diminution ou la disparition des symptômes, un assouplissement des mécanismes que l'enfant utilise dans son fonctionnement est généralement observé. En effet, il délaisse progressivement des mécanismes plus rigides ou des jeux stéréotypés. Il a davantage accès à une certaine capacité d'élaboration mentale, de jeu, de créativité. Il communique plus aisément ses émotions, éprouve davantage de plaisir et d'aisance tout comme il arrive à affronter sans trop d'inquiétude les divers conflits et difficultés propres à sa vie d'enfant. Le développement reprend son cours…

L'INTERVENTION PSYCHOÉDUCATIVE *

MICHEL MARSOLAIS
psychoéducateur

Il ne porte pas d'uniforme, ne fait pas appel à des appareils sophistiqués et, à première vue, ne semble pas spécialement se démarquer des autres professionnels de la rééducation. Pourtant, le psychoéducateur joue souvent un rôle de premier plan dans l'évaluation et la prise en charge d'enfants ou d'adolescents qui éprouvent de sérieuses difficultés d'adaptation sur les plans affectif et social. Aussi fait-on souvent appel à lui lorsqu'il s'agit d'élaborer et de mettre en œuvre diverses interventions qui vont permettre à la fois de redonner un sentiment de compétence et de confiance en soi tout en harmonisant le fonctionnement social, familial ou scolaire du jeune en difficulté.

* Si, traditionnellement, la formation universitaire du psychoéducateur (baccalauréat/maîtrise) l'a toujours destiné à une action directe auprès d'une clientèle en difficulté d'adaptation, il s'avère que le champ de sa pratique professionnelle n'a cessé de s'élargir et de se modifier depuis une vingtaine d'années.

L'action du psychoéducateur

Champs d'intervention

Son action demeure toujours très tangible dans le cadre de services d'évaluation et de consultation ou dans un volet plus global d'intervention rééducative, mais son implication est de plus en plus grande dans les secteurs de la recherche qui s'intéressent au fonctionnement psychosocial d'enfants, d'adolescents ou de jeunes adultes.

Sans dresser une liste exhaustive de tous les champs d'action ou secteurs d'activités à l'intérieur desquels on retrouve des psychoéducateurs, précisons que plusieurs d'entre eux sont particulièrement présents en milieux scolaire ou communautaire, dans centres locaux de services communautaires, dans les établissements de rééducation et dans certains services de psychiatrie.

Le vécu partagé

Malgré la diversité de la clientèle et la complexité des difficultés que celle-ci peut présenter, l'action du psychoéducateur a toujours pour principale caractéristique d'amener le jeune en difficulté à prendre conscience, à faire appel ou à développer des intérêts, des expériences de vie ou des champs de compétences qui vont faciliter l'harmonisation de son fonctionnement affectif et social. C'est généralement par le biais d'activités préalablement planifiées que la psychoéducation cherche à générer un sentiment de réussite et de compétence, ce qui ouvre habituellement la voie à une perception plus positive du jeune en difficulté par rapport à lui-même et à son environnement.

Lorsque le psychoéducateur élabore une activité à caractère thérapeutique, il s'assure que le contenu (bricolage, dessin, musique, jeux, etc.) permet d'exploiter des compétences et des intérêts qui sont souvent latents et non exploités. D'autre part, il s'assure que le degré de difficulté est suffisamment dosé pour que le dénouement de l'activité débouche sur un succès et un sentiment de réussite.

Bien au-delà de l'aspect organisationnel, c'est sans aucun doute la dimension « d'accompagnement » ou de « vécu partagé » qui donne véritablement son sens à la démarche et qui est susceptible de générer les changements escomptés. En effet, le psychoéducateur, quel que soit le médium utilisé, constitue un témoin privilégié qui nomme ou reflète les difficultés rencontrées et qui insiste sur les succès et les stratégies qui ont permis d'atteindre un sentiment d'accomplissement. C'est par le reflet d'expériences significatives positives que le jeune en difficulté finit par se reconnaître des zones de compétence qui font contrepoids au sentiment d'échec qui colore négativement son fonctionnement. À travers ces précieux moments de vécu partagé se tisse généralement une relation de confiance entre le jeune en difficulté et le psychoéducateur, et c'est souvent en misant sur ce lien précieux que ce dernier parvient à susciter les changements qui lui apparaissent propices à un meilleur fonctionnement.

Le psychoéducateur en pédopsychiatrie

Au point de départ, il faut préciser que le psychoéducateur qui travaille en milieu pédopsychiatrique s'intègre généralement à une équipe multidisciplinaire puisque les enfants (et les adolescents) qui ont recours à de tels services présentent souvent des dysfonctionnements dans différentes sphères de leur développement global.

Aussi, c'est souvent dans cette optique que des professionnels de diverses disciplines (psychologie, orthophonie, orthopédagogie, ergothérapie, etc.), sous la gouverne d'un pédopsychiatre, se concertent afin d'évaluer les zones de développement qui posent problème et élaborent subséquemment un plan d'intervention qui permettra de travailler simultanément les diverses problématiques entravant le fonctionnement de l'enfant.

À ce premier stade de la prise en charge pédopsychiatrique, le psychoéducateur se montre généralement sensible aux stratégies adaptatives développées par l'enfant afin de pallier ses difficultés de fonctionnement. Une observation approfondie des comportements ou attitudes de l'enfant révèle généralement une souffrance, une détresse ou des conflits internes dont l'enfant tente de se défendre par des moyens ou des stratégies qui sont inadaptées et inefficaces. À titre d'exemple, il n'est pas rare que des difficultés sur le plan scolaire provoquent une baisse importante de l'estime de soi. Pour se soustraire au sentiment désagréable que provoque une telle blessure, certains enfants vont consciemment ou inconsciemment avoir recours à des stratégies ou des mécanismes aussi variés que le retrait social, la négation des difficultés, le besoin de se discréditer ou de discréditer les autres, l'agressivité, etc.

C'est souvent en allant au-delà de ces manifestations que le psychoéducateur parvient à cerner chez l'enfant des intérêts, des forces ou des zones de fonctionnement qui apparaissent préservées. Ainsi, si l'on poursuit l'exemple précédent, il est possible que, malgré un fort sentiment de dévalorisation à l'endroit de la réalité scolaire, l'enfant soit en mesure de reconnaître ou de prendre conscience de ses habiletés ou de ses aptitudes dans le sport, la musique, le bricolage, etc.

Jean-François est un garçon de 10 ans qui est le cadet d'une famille de trois enfants. Ses parents sont divorcés depuis 4 ans et se partagent la garde des enfants. D'intelligence vive, Jean-François a toujours réussi sur le plan scolaire sans vraiment faire d'efforts. À la maison, il est décrit comme un enfant irritable qui vit difficilement les frustrations. Il est souvent en conflit avec ses deux grands frères alors qu'il cherche surtout des contacts fusionnels avec sa mère. Lorsque celle-ci pose des interdits, il devient colérique, l'insulte et va même jusqu'à la frapper si elle maintient ses exigences. Par la suite, il se montre généralement triste ou repentant à l'endroit de sa mère et il cherche rapidement à retrouver un lien fusionnel avec elle. Lorsque Jean-François est chez son père, il est tout aussi intolérant à la frustration et il menace souvent d'alerter sa mère si son père ne se plie pas à ses volontés. Comme les rapports entre les ex-conjoints sont très tendus, le père capitule souvent et donne à son fils de nouvelles chances de se reprendre.

Sur le plan de la socialisation, Jean-François est un enfant qui n'a pas vraiment d'amis. Peu conciliant et très contrôlant, sa participation à des jeux de groupe finit toujours par des insultes et de la bousculade. Peu empathique, Jean-François justifie toujours ses gestes agressifs en accusant l'autre de l'avoir provoqué ou d'avoir initié le conflit.

Depuis quelques mois, la situation se détériore de façon constante à l'école puisque Jean-François ne fait plus ses travaux scolaires, défie ouvertement les adultes et utilise le moindre prétexte pour agresser verbalement ou physiquement ses pairs. À la maison, il affiche sa mauvaise humeur dès qu'on lui adresse la moindre demande. Il se réfugie souvent devant ses jeux vidéo et refuse que ses frères se joignent à lui. Suite à une réaction colérique très explosive de Jean-François pendant les heures de classe, les intervenants scolaires rencontrent sa mère afin de l'informer de leurs inquiétudes et de leur impuissance à aider adéquatement l'enfant. C'est donc dans ce contexte que Jean-François et sa mère sont vus au programme de pédopsychiatrie pour une évaluation et, possiblement, un traitement.

Évaluation et traitement

L'évaluation pédopsychiatrique de Jean-François met plus spécifiquement en lumière une dynamique qui semble teintée par des éléments à caractère dépressif ainsi qu'une difficulté à se détacher du lien maternel. D'après les propos recueillis lors des entrevues d'évaluation, la séparation des parents et l'absence temporaire de la mère (quelques mois) pour des raisons professionnelles auraient généré un sentiment d'insécurité que l'enfant ne serait jamais arrivé à surmonter. Aussi nous apparaît-il important d'articuler le traitement autour d'une plus grande cohésion parentale tout en aidant l'enfant à développer une meilleure estime de soi et de meilleures compétences sociales.

L'enfant est donc intégré à un groupe-thérapie où on cible de façon plus spécifique les habiletés sociales et la connaissance de soi. Parallèlement à cela, le travailleur social rencontre les parents chaque semaine afin d'harmoniser les exigences parentales et de créer des réseaux de communication qui soient efficaces et viables lorsque l'enfant réagit au resserrement du cadre.

Dans le groupe-thérapie, on élabore des activités psychoéducatives en tenant compte des compétences et des intérêts que Jean-François semble avoir développés au fil des ans. C'est ainsi qu'à travers une activité motrice (jeu de ballon), Jean-François est appelé à accroître sa tolérance à la frustration lorsqu'il perd ou lorsque ses compagnons ignorent certains de ses conseils. De même, dans le cadre d'une activité faisant appel au dessin, Jean-François est invité à développer une attitude d'empathie envers ses pairs en prodiguant des conseils sur un art où il excelle.

En quelques mois, la situation s'est régularisée à l'école, Jean-François ayant développé des liens plus harmonieux avec ses pairs. Il demeure cependant fragile lorsque survient une contrariété, mais il semble que les agressions physiques ou verbales soient devenues l'exception. Les parents observent, chacun de leur côté, que Jean-François a une attitude beaucoup moins défensive ou agressive lorsqu'il fait face à des exigences ou à des frustrations. Toutefois, la période de transition entre les maisons des deux parents semble toujours problématique et donne lieu à des sautes d'humeur chez Jean-François. Pour sa part, la mère observe des comportements beaucoup plus matures chez son fils et elle se réjouit à l'idée que ce dernier commence de temps à autre à inviter un ami à la maison.

La brèche est souvent mince, mais c'est souvent à partir de ces zones préservées que le psychoéducateur élabore un plan d'intervention à l'intérieur duquel l'enfant a la possibilité de mettre à profit ses compétences. C'est d'ailleurs dans cet esprit que le psychoéducateur, témoin de situations où l'enfant vit un sentiment d'échec, soutient ce dernier en lui reflétant ses compétences et en lui proposant des stratégies afin de lui donner un sentiment de réussite.

Tel que nous l'avons mentionné précédemment, l'activité et le vécu partagé s'imposent généralement au psychoéducateur comme principales modalités d'intervention, puisque c'est par elles que l'enfant parvient souvent à reprendre confiance en ses moyens, à en développer de nouveaux et à généraliser ce sentiment de compétence à l'ensemble de son environnement ou de ses sphères d'activités.

Or, à la différence d'une activité à caractère social, artistique ou sportif à laquelle un enfant serait appelé à prendre part, l'activité à caractère psychoéducatif, par sa nature même, vise presque obligatoirement un sentiment de réussite ou, du moins, de fortes chances de succès puisque ce n'est souvent qu'à ce prix que l'enfant va s'approprier ou se réapproprier ses forces intérieures.

Marc est âgé de 9 ans et est l'aîné d'une famille de quatre enfants. Il vit avec ses parents et fréquente l'école du quartier. À l'âge de 3 ans, il aurait été abusé sexuellement par un ami de la famille mais le récit fragmentaire de l'enfant et le manque de preuves n'ont pas permis de poursuivre l'abuseur en justice. Depuis son entrée en maternelle, les intervenants observent chez lui des problèmes de concentration, des problèmes moteurs, de l'immaturité et des lacunes importantes sur le plan de la socialisation. En fait, Marc est décrit comme un enfant « bouc émissaire » qui n'hésite pas à multiplier les pitreries pour obtenir un peu de sympathie de la part de ses pairs.

Malgré le soutien des intervenants scolaires, il échoue dans presque toutes les matières et il se montre de plus en plus passif et désintéressé par rapport aux apprentissages. À la maison, Marc cherche constamment à attirer l'attention de ses parents en adoptant des comportements comparables à ceux de sa petite sœur de 2 ans. Comme il est dépourvu de toute autonomie, ses parents doivent l'aider à se laver, à s'habiller, à faire ses devoirs et à ramasser ses objets personnels et ses effets scolaires. Lors des repas, ses parents s'efforcent de le laisser s'organiser seul mais l'ampleur des dégâts les oblige souvent à superviser chacun de ses gestes.

Depuis quelques semaines, le phénomène de rejet à l'endroit de Marc semble s'être amplifié à l'école et il revient souvent à la maison avec des ecchymoses, des égratignures, etc. Inquiets de la tournure que prennent les événements, les parents demandent une consultation en pédopsychiatrie afin d'aider leur fils.

Évaluation et traitement

L'évaluation se fait sur plusieurs séances puisque Marc est soumis à des tests sur les plans moteur, psychologique et psychopédagogique. Ainsi observe-t-on chez lui des retards marqués tant en motricité globale qu'en motricité fine, mais ces aspects déficitaires semblent surtout résulter d'une sous-stimulation et peuvent être compensés par des activités physiques plus soutenues.

Sur le plan psychopédagogique, on ne décèle aucun trouble d'apprentissage spécifique mais le niveau de collaboration de Marc démontre une grande immaturité et une très grande passivité lorsqu'il est confronté à des tâches qui exigent des raisonnements logiques. Enfin, sur le plan psychologique, on observe que les impacts post-traumatiques de l'abus sexuel se traduisent par une importante immaturité affective, une très faible estime de soi et un faible investissement des sphères cognitives et relationnelles.

On recommande donc l'intégration de Marc à un groupe-thérapie où il lui sera possible de relever de petits défis sociaux et d'améliorer l'image qu'il a de lui-même. L'élaboration et la mise sur pied d'activités à caractère psychoéducatif visent donc à offrir à Marc des contextes où il sera assuré de vivre des succès tant sur le plan comportemental que sur le plan de ses compétences personnelles. De plus, il sera important de lui faire découvrir des jeux et du matériel qui correspondent à son groupe d'âge puisque Marc n'a jamais pu s'intégrer à des jeux moteurs à l'école et qu'il ne connaît aucun jeu de société. Parallèlement à cela, le travailleur social met en place un suivi avec les parents puisque la situation de l'abus sexuel n'a jamais été abordée avec l'enfant au sein de la famille; ces derniers paniquent à l'idée de devoir un jour parler de cette question avec leur fils. De plus, il est impératif qu'ils adoptent des attitudes qui favorisent une certaine maturation et une plus grande autonomie chez leur enfant.

Malgré une très grande concertation entre les parents, les professionnels de l'éducation et l'équipe soignante, Marc est demeuré symptomatique pendant de nombreuses semaines, ne se reconnaissant aucune compétence ou talent dans les différentes activités qui lui étaient proposées. Lorsque nous obtenions sa participation à un jeu qui avait préalablement été adapté à ses capacités, il était indispensable qu'un adulte fasse équipe avec lui puisque la défaite ou l'élimination donnait constamment lieu à des pleurs, à des mouvements de fuite et à un refus systématique de poursuivre l'activité. C'est finalement en permettant à Marc de devenir un observateur actif dans l'ensemble des activités qu'il est parvenu à s'intégrer progressivement dans certains jeux. Par ailleurs, Marc s'est rapidement montré capable de relever certains des défis qui étaient proposés au groupe sur le plan du comportement (écoute de l'autre, respect des consignes, etc.). Ses diverses participations, si minimes soient-elles, nous ont donc permis de lui refléter des aspects positifs de lui-même et, par conséquent, ont contribué à améliorer son estime de soi.

Bien qu'après plusieurs mois de traitements la situation se soit grandement améliorée à l'école et à la maison, un suivi, plus espacé, se poursuit avec Marc et avec ses parents. Ultime indice d'un meilleur fonctionnement social et affectif, les parents racontent que Marc a formulé le souhait de suivre des cours de natation au même endroit qu'un petit voisin…

Même si le cadre thérapeutique qui entoure l'activité paraît extrêmement propice à des expériences positives, les difficultés et les obstacles n'en sont pas moins nombreux et c'est souvent dans la façon de recevoir et de composer avec les résistances au changement de l'enfant que se déploient toute la richesse et l'originalité de l'intervention psychoéducative. C'est ainsi qu'une attitude, une façon de faire ou une parole peut soudainement déstabiliser l'enfant et provoquer une prise de conscience de nature à favoriser la poursuite des buts et des objectifs qui ont été préalablement fixés.

Travailler en concertation

En milieu pédopsychiatrique, le psychoéducateur travaille généralement de concert avec les autres professionnels engagés dans la prise en charge de l'enfant, les nombreux changements qui sont souhaités exigeant souvent de ce dernier une capacité d'adaptation qui peut rapidement être mise en échec s'il n'y a pas intégration et dosage des soins qui sont dispensés.

Certains des enfants qui reçoivent des services pédopsychiatriques présentent parfois des difficultés tellement sévères que toutes les sphères du fonctionnement sont altérées ou dysfonctionnelles. Si l'intervention psychoéducative apparaît pertinente et indiquée, il y a souvent nécessité de faire appel à une approche pharmacologique afin de stabiliser certains des facteurs qui sont en cause et de rendre l'enfant disponible à des approches qui nécessitent certaines habiletés relationnelles de base. Par la qualité et la pertinence de ses observations, le psychoéducateur soutient également le personnel médical dans la recherche d'une médication susceptible d'atténuer les symptômes dont la nature est fréquemment endogène. Ces mêmes observations concourent généralement à l'établissement d'un diagnostic, à l'élaboration d'un plan de traitement et, enfin, à l'évaluation des diverses formes d'intervention qui auront été mises en place afin d'aider l'enfant.

Un dernier volet de l'intervention psychoéducative en milieu pédopsychiatrique consiste à établir un travail de collaboration avec la famille et avec toutes les personnes significatives qui sont présentes ou engagées dans le vécu de l'enfant. En effet, le psychoéducateur est appelé à jouer un rôle de relais entre l'enfant et les nombreuses personnes qui gravitent habituellement autour de lui dans ses diverses sphères d'activité. Ainsi, afin d'optimiser les soins dispensés à l'enfant, il cherche à s'assurer que les parents sont impliqués et bien au fait de toutes les étapes par lesquelles passe le traitement.

Par la mise en commun d'observations relatives au fonctionnement de l'enfant, le psychoéducateur s'assure que la famille se sent soutenue et est en mesure d'articuler ses propres actions aux interventions qui sont mises en place dans le milieu de traitement. Ce rôle de soutien et d'information, il l'exerce également auprès des autres personnes qui ont déjà un lien significatif ou qui sont susceptibles d'en établir un avec l'enfant (enseignant, orthopédagogue, etc.). Bref, si le psychoéducateur est étroitement engagé auprès de l'enfant dans le cadre d'une prise en charge pédopsychiatrique, il faut voir qu'il est souvent le fil conducteur qui permet une certaine cohésion entre les nombreuses personnes qui accompagnent l'enfant.

En quelque sorte, c'est par la conjonction d'attitudes, de concepts plus théoriques et de facteurs humains que le psychoéducateur parvient à créer des conditions propices à des changements en profondeur chez des individus en mal d'adaptation.

En conclusion, la dimension de «vécu partagé» et l'établissement d'une relation significative avec le sujet constituent les deux prémisses de base sur lesquelles s'appuie l'ensemble de l'intervention psychoéducative. Certes, les façons de faire du psychoéducateur n'ont rien de magique, mais elles ne lui en permettent pas moins de revendiquer le caractère original et spécifique de sa profession.

L'ORTHOPÉDAGOGUE, PROFESSIONNEL EN SANTÉ MENTALE *

▼

MARIE-CLAUDE BÉLIVEAU
orthopédagogue et psychoéducatrice

L'orthopédagogue intervient auprès d'enfants, d'adolescents et parfois même d'adultes qui éprouvent des difficultés d'apprentissage ou d'adaptation. Il œuvre principalement en milieu scolaire, mais aussi dans les hôpitaux, en milieu pédopsychiatrique ou en pratique privée.

Le rôle de l'orthopédagogue

En général, l'orthopédagogue est appelé à intervenir auprès d'enfants qui ne réussissent pas à suivre le rythme des apprentissages d'une classe régulière. L'enfant accumule des retards scolaires qui, à la longue, minent sa confiance en lui et contribuent parfois à compliquer les problèmes d'adaptation ou de comportement déjà présents. Il arrive aussi que ces retards ne s'expliquent pas par des troubles spécifiques d'apprentissage,

* Détenteur d'un diplôme universitaire en orthopédagogie ou en adaptation scolaire et sociale, l'orthopédagogue est spécialisé dans la prévention, l'évaluation et la rééducation des difficultés d'apprentissage associées ou non à des problèmes d'adaptation.

mais plutôt par des problèmes d'ordre émotionnels ou familiaux. Le rôle de ce professionnel consiste donc à évaluer la nature des difficultés présentées par l'enfant et à proposer au besoin un plan d'intervention personnalisé pour l'aider à les surmonter.

Champs d'intervention

Le rôle de l'orthopédagogue consiste à intervenir auprès de l'élève qui a des difficultés scolaires en l'aidant par exemple à prendre conscience de son style d'apprentissage, à compenser ses déficits et à acquérir des attitudes et des stratégies favorables à une plus grande réussite scolaire. L'intervention orthopédagogique prend des formes variées, soit en rencontre individuelle, soit en petit sous-groupe ou en classe régulière ou spécialisée.

L'évaluation orthopédagogique

L'évaluation orthopédagogique peut prendre différentes formes selon le milieu dans lequel ce professionnel intervient. En milieu hospitalier, elle comporte généralement trois volets : l'analyse des aspects cognitifs, celle des aspects pédagogiques et, enfin, celle des aspects affectifs. L'orthopédagogue qui œuvre à l'intérieur d'une équipe multidisciplinaire a nécessairement un portrait plus complet de la situation puisqu'il peut avoir accès à l'expertise des autres professionnels (psychologues, travailleurs sociaux, psychoéducateurs, orthophonistes, psychiatres…) pour mieux cerner le problème d'apprentissage et le situer dans la perspective du développement global de l'enfant et de sa famille. L'apport de l'orthopédagogue à l'équipe multidisciplinaire est aussi très souvent précieux pour aider à objectiver les difficultés scolaires et ainsi percevoir la manière dont elles s'inscrivent dans le fonctionnement général de l'enfant.

Les difficultés scolaires présentées par l'enfant sont-elles des causes ou les conséquences d'autres problèmes dont il faut aussi tenir compte, ou leur sont-elles seulement associées ? À partir d'une lecture plus complète de la situation, quelles sont les pistes d'intervention à envisager pour répondre aux besoins de l'enfant ? Là sont les questions auxquelles l'orthopédagogue tente de répondre pour aider l'enfant et sa famille. Évidemment, on ne retrouve pas une équipe multidisciplinaire dans tous les milieux, mais celui qui travaille sans une telle équipe peut tout de même orienter l'enfant vers d'autres professionnels de la santé s'il juge, à la suite de son évaluation, que des éclairages supplémentaires sont nécessaires à une meilleure compréhension du problème.

Quand, pourquoi et où consulter ?

Voici deux histoires toutes simples qui peuvent évoluer bien différemment selon les circonstances extérieures associées à la problématique de base. À partir des différents dénouements possibles des mêmes situations de départ, sera illustré le « quand », le « pourquoi » et le « où » consulter l'orthopédagogue.

Julie, 6 ans, termine sa première année sans avoir réussi à apprendre à lire. Dès le mois de mars, l'enseignante interpelle ses parents pour discuter avec eux de moyens à envisager pour l'aider. Elle recommande, entre autres choses, que Julie rencontre l'orthopédagogue qui pourra mieux comprendre la nature de ses difficultés d'apprentissage et donc l'aider.

Les parents de Julie acceptent la recommandation du professeur. L'orthopédagogue de l'école procède donc à une évaluation et fait des recommandations quant à la meilleure façon d'aider Julie à apprendre à lire. Ses parents ont confiance en l'école et en leur fille qui démontre, malgré son apparente immaturité à certains moments, des capacités intellectuelles notables ainsi qu'une grande curiosité. Entre-temps, ils multiplient les occasions de faire de la lecture une activité intéressante, parfois même amusante. Ils s'assurent aussi que Julie continue à s'adonner à ses loisirs préférés et évitent de mettre trop de pression sur « l'envie d'apprendre à lire » de Julie. En fin d'année, il faut constater que Julie a fait des progrès en lecture et qu'elle pourra entrer en 2e année avec de meilleures bases et plus de confiance en elle.

Julie commence tout de même cette nouvelle année avec un certain retard par rapport à la classe ; elle continue donc d'être suivie en orthopédagogie dans un petit groupe jusqu'en janvier. Elle n'aime pas beaucoup manquer les cours réguliers pour aller dans ce groupe, mais la qualité de la relation qui s'est établie entre elle et l'orthopédagogue la met en confiance. C'est ainsi qu'elle s'engage à fond dans les jeux de lecture. À la maison, ses parents la surprennent à jouer au professeur avec son petit frère de 4 ans. Elle lui lit de petits livres et lui montre les images pour qu'il comprenne bien les histoires. Au printemps, le bilan est positif. Le suivi en orthopédagogie n'est plus nécessaire, Julie sait lire. Julie aime lire. L'intervention de l'orthopédagogue, la confiance des parents et les efforts de Julie ont suffi pour éviter que ne s'aggravent des problèmes qui finalement n'auront été que transitoires.

L'histoire aurait pu être bien différente. Voilà ce qui aurait pu se passer. La première rencontre avec l'enseignante en mars a suscité beaucoup d'inquiétude chez les parents. Par la suite, ces derniers, très inquiets des répercussions des difficultés en lecture de leur fille sur sa confiance en elle, décident de faire tout ce qui est en leur pouvoir pour l'aider. Ils ont en tête l'histoire du petit voisin qui est aux prises avec des difficultés similaires à celles de Julie. En effet, année après année, cet enfant décroche toujours un peu plus de l'école devenue pour lui une sorte de prison dans laquelle il doit « faire son temps ». Voulant éviter que leur fille en vienne aussi à détester l'école, ils insistent pour qu'elle reçoive de l'aide rapidement et intensément en orthopédagogie à l'école. Ils commencent aussi à la questionner chaque soir sur ce qu'elle a appris durant la journée ; le soir, ils la font « pratiquer » pour qu'elle récupère ses retards. Julie ressent l'inquiétude de ses parents et commence à avoir peur de leurs réactions, au point où elle a encore plus de mal à se concentrer. Elle se répète constamment qu'elle doit y arriver, et elle se laisse distraire par sa peur de ne pas en être capable et de décevoir ses parents.

Pour l'aider, ceux-ci lui font réviser dans son livre d'école, pendant une « petite » demi-heure, les derniers textes lus en classe et pratiquer ceux qui le seront incessamment. Julie commence à se sentir mal, elle se met à avoir des maux de ventre durant la semaine. Elle pleure souvent, se ronge les ongles et n'a pas confiance en elle. De plus, ses parents préfèrent qu'elle ne poursuive pas ses cours de ballet jazz afin qu'elle puisse mettre toute son énergie dans le travail scolaire. L'orthopédagogue qui l'a évaluée et qu'elle rencontre régulièrement la sent très anxieuse et ne parvient pas à obtenir sa concentration durant les séances. Avant les examens de juin, Julie ne veut plus aller à l'école, pleure devant ses devoirs le soir et ne parvient toujours pas à lire. Ses parents sont maintenant prêts à lui payer un professeur privé pour l'aider durant l'été. L'orthopédagogue, tout comme la psychologue scolaire qui a aussi évalué Julie, recommande plutôt aux parents d'aller consulter en pédopsychiatrie afin de mieux cerner les différents enjeux de la situation et d'éviter que le problème ne s'aggrave et ne dégénère.

Le psychiatre qui rencontre Julie demande une évaluation « psychopédagogique », c'est-à-dire une évaluation en orthopédagogie clinique qui donne une large place aux aspects affectifs en jeu dans la problématique scolaire. Celle-ci permet d'éliminer l'hypothèse de troubles graves d'apprentissage et de mettre en évidence la très grande anxiété de Julie par rapport à une situation qui, au départ, n'était difficile qu'en raison d'une certaine immaturité et d'une trop grande dépendance à ses parents. Le stress de performance associé aux difficultés et au non-désir de Julie par rapport à la lecture limite ses capacités d'attention et de concentration. Son manque de confiance en elle et le risque de décevoir ses parents l'ont empêchée de profiter pleinement du processus de rééducation qui lui a été offert à l'école. La très grande inquiétude des parents les a amenés à blâmer l'école, ce qui a placé Julie dans une situation encore plus compliquée.

À la suite des évaluations prescrites en pédopsychiatrie, il est convenu avec les parents que Julie sera vue chaque semaine en psychopédagogie à l'hôpital pour l'aider à reconstruire sa confiance en elle, découvrir le plaisir de la lecture et développer des stratégies efficaces. Par ailleurs, le suivi orthopédagogique à l'école doit se poursuivre de façon complémentaire à celui fait en milieu hospitalier pour que Julie puisse récupérer son retard pédagogique et s'engager de plus en plus activement dans la démarche que l'école lui propose. De plus, les parents qui se désolaient de ne plus savoir comment l'aider sont invités à rencontrer régulièrement la travailleuse sociale de l'équipe; cela les aidera à développer des attitudes parentales favorables à l'apprentissage, à mieux comprendre le pourquoi de l'intensité de leur inquiétude et à soutenir leur fille autrement qu'en insistant uniquement sur sa réussite scolaire. En dernier lieu, l'équipe de pédopsychiatrie recommande fortement que Julie poursuive une activité parascolaire agréable et non compétitive qui va lui permettre de se sentir compétente et de mieux faire face aux situations où elle manque de confiance en elle.

Dans la première version de l'histoire de Julie, il aurait pu arriver que l'orthopédagogue de l'école qui avait commencé à l'aider quitte pour un congé de maternité. Julie aurait pu avoir tellement de peine à cause de ce départ qu'elle aurait été incapable d'accepter la «remplaçante». Les parents auraient donc pu décider de consulter en privé pour que Julie puisse continuer à recevoir de l'aide sans perdre les heures de classe. En allant chaque samedi matin chez une orthopédagogue en privé, elle aurait peut-être débloqué aussi rapidement en lecture que dans la première situation présentée, tout en évitant de perdre une autre activité qu'elle trouvait intéressante à l'école, soit l'heure de la bibliothèque. Le compromis aurait été acceptable pour l'enfant comme pour ses parents, ce qui lui aurait permis d'en profiter pleinement.

Antoine, 8 ans, a encore d'importantes difficultés à apprendre à lire et surtout à écrire. Il a fait deux fois sa première année et est maintenant en deuxième année. Il écrit encore au son, bouge beaucoup et dérange très souvent en classe. L'orthopédagogue de l'école demande aux parents de consulter un médecin pour savoir si l'enfant a des problèmes d'hyperactivité, pour lesquels il pourrait y avoir un traitement efficace. Les parents parlent de cette demande à leur pédiatre qui, suite à son examen, recommande aux parents une consultation en pédopsychiatrie pour vérifier si d'autres facteurs, en plus d'une hyperactivité légère, pourraient avoir une influence sur ses capacités d'apprentissage.

Le psychiatre qui rencontre Antoine le trouve préoccupé par ses problèmes avec l'autorité à l'école et le sent très nerveux dès qu'il est question de scolarité. Cette nervosité s'exprime par le fait qu'il bouge encore plus et qu'il se met à faire le bouffon pour détourner la conversation. Antoine s'amuse à dire n'importe quoi pour se rendre intéressant, comme s'il ne savait pas comment l'être « autrement ». Le médecin psychiatre demande donc une évaluation psychologique qui confirme le potentiel intellectuel d'Antoine, mais aussi la présence d'un trouble de l'attention. Il pose l'hypothèse d'un trouble d'apprentissage associé, trouble qui sera confirmé ensuite par l'orthopédagogue de l'équipe.

À la fin de l'année et malgré l'aide reçue, Antoine doit quand même être orienté vers une classe spéciale, étant donné l'importance de ses difficultés d'apprentissage. Au cours de cette année-là, il reçoit de l'aide « psychopédagogique » à l'hôpital. Cette intervention a pour objectif de l'aider à parfaire les stratégies compensatoires qui lui sont enseignées en classe (orthopédagogie) et à développer des attitudes lui permettant d'avoir la confiance et la motivation nécessaires pour l'aider à s'engager pleinement à l'école (malgré le séjour en classe spéciale qu'il accepte mal au départ) et à profiter des ressources qui lui sont offertes. Son professeur, orthopédagogue de formation, met aussi tout en œuvre pour l'aider à retrouver plus de confiance en lui, grâce à une relation enseignant/élève teintée de compréhension, de soutien et de respect mutuel. Suite à une discussion de l'équipe traitante avec Antoine et ses parents, il est aussi convenu de faire l'essai d'une médication pour l'aider à freiner son impulsivité et à améliorer ses capacités d'attention. Dans son cas, cet autre élément s'avère concluant puisqu'il permet à l'enfant de mieux profiter de l'aide spécifique qui lui est apportée au cours de son séjour en classe spéciale. En même temps, une collaboration étroite se tisse entre les différents acteurs de l'équipe pédopsychiatrique (orthopédagogue, travailleur social et psychiatre), les intervenants scolaires et les parents afin d'assurer la cohérence du plan d'intervention.

L'année suivante, Antoine peut réintégrer la classe régulière tout en continuant à profiter de l'intervention en orthopédagogie.

Ces deux vignettes cliniques illustrent différentes facettes du rôle de l'orthopédagogue ainsi que la façon dont peut évoluer la problématique que présente un enfant en difficulté selon les circonstances et les facteurs d'environnement qui l'influencent.

La cause des problèmes d'apprentissage et d'adaptation scolaire est généralement multifactorielle. C'est pourquoi il est essentiel de tenir compte de l'ensemble de la situation pour bien la cerner et pouvoir agir en toute connaissance de cause. Plus on intervient tôt, moins le problème se complexifie et plus la réponse qu'on y apporte a des chances d'être efficace. Il ne faut donc pas hésiter à consulter quand un enfant présente des signes de difficultés à l'école.

En conclusion

Comme on le constate, le champ d'intervention de l'orthopédagogue est vaste puisqu'il s'adresse à l'enfant en développement qui vit des difficultés scolaires de natures souvent bien différentes. Que l'enfant ait ou non des troubles spécifiques d'apprentissage, ce professionnel est habileté à « lire » la manière dont l'enfant et sa famille vivent l'école dans son sens large, puis à préparer et à appliquer au besoin des plans d'intervention appropriés aux problématiques présentes. Son champ d'intervention varie selon le milieu dans lequel on le consulte et en fonction de la complexité des problèmes en jeu.

L'INTERVENTION EN ORTHOPHONIE *

MIREILLE GAUTHIER
orthophoniste

L'orthophonie est une jeune profession qui s'est d'abord développée auprès d'adultes ayant subi des pertes de langage à la suite d'accidents cérébrovasculaires. Ce n'est qu'après des études portant sur le développement de l'enfant, en particulier celles de Piaget, que l'intérêt pour le langage chez les enfants a commencé à se manifester. Les orthophonistes se retrouvent principalement dans les hôpitaux, dans les centres de réadaptation, dans les centres locaux de services communautaires, dans le milieu scolaire et en bureau privé.

Champs d'intervention

L'orthophonie voit à l'évaluation de la communication et du langage tant chez l'adulte que chez l'enfant : le langage réceptif (ce que l'on comprend) et le langage expressif (ce que l'on dit).

* L'orthophoniste, qui détient une maîtrise en orthophonie ou en audiologie, doit obligatoirement être membre de l'Ordre des orthophonistes et audiologistes du Québec dont le mandat principal est d'assurer la protection du public.

Le langage est l'une des fonctions cognitives de l'enfant, c'est-à-dire qu'il demande une capacité d'abstraction pour organiser la pensée et émettre des idées avec des mots. Le développement du langage se fait grâce à un développement harmonieux du système nerveux (central et périphérique), à un milieu familial et social sain et stimulant de même qu'à un développement cognitif adéquat.

Lorsqu'on considère la communication et le langage, il y a trois aspects à regarder: la forme (le *comment on parle*), le contenu (le *qu'est-ce qu'on dit*) et l'utilisation (le *pourquoi on parle*). De plus, lorsqu'on considère l'enfant, il faut se rappeler qu'il est en développement, que sa communication et son langage le sont aussi et que l'approche utilisée, dite biopsychosociale, tient compte de cette réalité fondamentale.

Des indices à relever

Bon nombre d'enfants vus en milieu pédopsychiatrique présentent des difficultés sur le plan de la communication et du langage. C'est souvent le symptôme le plus apparent car le langage, fonction très complexe, est facilement atteint. Ces enfants sont donc assez souvent référés en orthophonie. Il arrive, inversement, qu'à la suite d'une consultation en orthophonie pour un problème langagier apparent, l'orthophoniste décèle un trouble qui nécessitera un traitement pédopsychiatrique.

Les parents sont presque toujours les mieux placés pour se rendre compte que la communication et le langage de l'enfant sont atteints. S'ils sont inquiets, il faut les entendre, les écouter. Voici quelques indices qui peuvent faire croire qu'il y a atteinte.

Jusqu'à 2 ans, l'enfant:

- a des otites à répétition;
- ne réagit pas aux sons, arrête la production des sons;

- ne semble pas avoir le goût de communiquer;
- n'essaie pas de dire des mots.

Vers 2 ans, l'enfant:

- n'utilise jamais de mots ni de gestes pour communiquer;
- ne semble reconnaître qu'un seul mot à la fois dans ce que l'on dit.

Vers 2 1/2 ans, l'enfant:

- ne s'exprime que par un mot à la fois;
- n'a pas de nouveau vocabulaire;
- dit peu de consonnes;
- ne semble pas comprendre même des phrases simples;
- ne fait que répéter ce qui lui est dit.

Vers 3 ans, l'enfant:

- ne fait pas de phrase;
- ne prend pas l'initiative dans une conversation;
- ne saisit pas les phrases longues associées à des choses familières.

Vers 3 1/2 ans, l'enfant:

- laisse tomber les petits mots dans les phrases, ne les prononce pas;
- a de la difficulté à trouver les bons mots;
- fait du coq-à-l'âne;
- n'est compris que par les personnes familières, et encore.

Vers 4 ans, l'enfant:

- ne fait que des phrases très courtes;
- laisse tomber les consonnes à la fin des mots, remplace des sons par d'autres qui leur sont proches (f/v, p/b, t/d, s/j/ch);
- n'est pas capable de raconter quelque chose.

Les parents se font dire souvent: «Vous allez voir, ça va venir, le mien a parlé à plus de 4 ans et va bien, votre enfant est trop jeune pour que vous consultiez.» S'ils sont inquiets et se questionnent, les parents ne doivent pourtant pas hésiter à consulter.

La première entrevue

En orthophonie, la première entrevue diffère selon que l'orthophoniste est en clinique externe de pédopsychiatrie ou en centre de jour, selon qu'elle est membre à part entière d'une équipe ou qu'elle agit comme consultante.

En quoi consiste cette première entrevue ? Tout d'abord, une cueillette des données sur l'histoire de l'enfant est effectuée afin d'être en mesure de se faire une bonne image du développement global de l'enfant, de la grossesse jusqu'au moment de la consultation. Au cours de l'entrevue, l'orthophoniste porte une attention particulière à la communication entre l'enfant et ses parents. Elle observe, entre autres, les sons que le jeune enfant utilise dans son gazouillis, dans son babillage, c'est-à-dire dans ses vocalisations prélinguistiques. Si l'enfant a un répertoire peu varié de sons, cela peut être l'indice d'un problème moteur des mouvements langue/bouche nécessaires à la production des mots ou d'un problème d'acquisition du vocabulaire.

L'évaluation proprement dite ne se fait pas nécessairement en une seule rencontre. Trois approches sont possibles pour l'évaluation :

- avec des tests formels ;
- par observation :
  - en groupe ;
  - avec les parents dans une situation de jeu ;
- à l'aide d'une grille questionnaire qui est remplie par les parents ou par toute autre personne significative.

En milieu pédopsychiatrique comme en milieu de réadaptation, l'évaluation est plus souvent une combinaison de ces trois approches.

En pédopsychiatrie, l'évaluation peut être longue. Cela est d'autant plus vrai dans un contexte multidisciplinaire, où l'on veut un portrait global de l'enfant selon différentes spécificités (pédopsychiatrie, travail social, ergothérapie, psychoéducation, orthopédagogie, etc.) et où l'objectif est de poser un diagnostic différentiel. Le nombre de rencontres nécessaires pour que l'orthophoniste puisse préciser la nature spécifique du trouble observé au plan de la communication est très souvent variable.

- Est-ce un trouble de la communication et du langage qui s'inscrit dans une problématique telle que l'autisme ou un trouble envahissant du développement ?
- Y a-t-il un trouble spécifique du langage ?
- Est-ce un simple retard ?
- Y a-t-il trouble d'apprentissage induit par un problème de langage et ayant un impact sur le comportement ?

Les aspects à observer

Au cours de l'évaluation en orthophonie, il s'agit d'observer ce que l'enfant dit et comprend, et de l'apprécier en tenant compte de son âge. Précédemment, ont été soulignés les trois aspects que l'orthophoniste doit regarder lorsqu'on considère la communication et le langage :

- la forme (la longueur et la syntaxe de la phrase, etc.) ;
- le contenu (avoir la notion de la récurrence, de la causalité, de la possession et de la négation, le vocabulaire acquis en relation avec l'âge, etc.) ;
- l'utilisation (nommer, demander, exprimer ses sentiments, ses goûts, être capable de décrire, de raconter, etc.).

Certains préalables à cette observation doivent être pris en compte en cours d'évaluation :

- l'attention, la concentration ;
- la mémoire ;
- la qualité de contact qu'a l'enfant avec son entourage (contact visuel, goût de communiquer, réponse à l'appel de son nom...) ;
- l'audition ;
- l'attention réciproque ;
- les habiletés sociales (comme la capacité d'attendre son tour pour parler).

À la suite de cette cueillette d'information et à la passation des tests, l'orthophoniste analyse les résultats et en discute avec les autres membres de l'équipe lorsqu'il s'agit d'une approche multidisciplinaire. Par la suite, elle rencontre les parents pour leur présenter les résultats de l'évaluation et proposer un plan d'intervention approprié, plan dans lequel ils auront la plupart du temps un rôle à jouer.

L'approche et les objectifs

L'intervention en orthophonie demande du temps et de l'énergie tant de la part du professionnel que de l'enfant et de sa famille. Pour être efficace, l'orthophoniste doit avoir une bonne connaissance de l'enfant ainsi que la collaboration des parents et du milieu (école, garderie, centre de jour, etc.).

De fait, l'orthophoniste a un rôle de chef d'orchestre en ce qui a trait aux interventions à mettre en place pour aider l'enfant à mieux communiquer. C'est dire l'importance des personnes de l'entourage qui assurent l'encadrement et la continuité. Ce ne sont pas seulement l'heure ou les deux heures hebdomadaires de thérapie qui sont responsables de l'amélioration de la situation ; l'entourage joue un rôle clé.

L'orthophoniste doit aborder la thérapie avec une grande disponibilité par rapport aux besoins de l'enfant et avec une panoplie d'approches. Cela veut dire qu'il n'y a pas une façon unique d'aborder la thérapie. L'approche par le jeu est celle qui est privilégiée, mais il y a aussi l'approche behaviorale, l'approche strictement verbale ou celle associée à des moyens gestuels. Chose certaine, quelle que soit l'approche prédominante, il faut être à l'écoute et être capable de se remettre en question comme professionnel.

Les principaux objectifs visés par la thérapie seront les suivants :

- améliorer les habiletés de communication ;
- traiter les difficultés spécifiques du langage ;
- aider l'enfant à développer les habiletés requises pour la communication et le langage (contact visuel, échanges mutuels, habiletés sociales...).

De façon plus précise, l'orthophoniste peut aider l'enfant à propos des points suivants :

- la compréhension des questions simples (« Qu'est-ce que c'est ? ») ;
- l'augmentation du vocabulaire tant sur le plan de la compréhension que de l'expression ;
- le développement de concepts : notion d'espace (dans/sur), les couleurs, etc. ;
- la production de la phrase simple (sujet, verbe, complément) ;
- l'utilisation du féminin et du masculin;
- l'utilisation de l'article.

L'approche multidisciplinaire

Les problèmes de l'enfant vu en orthophonie sont souvent complexes. L'approche multidisciplinaire permet de les voir dans leur globalité. Chacun des professionnels évalue et étudie la facette qui lui est propre. Une fois chacune des évaluations terminée, il y a mise en commun de toutes ces conclusions (observations faites pour en arriver à un suivi où chaque membre de l'équipe a un rôle à jouer).

Le premier objectif de travail de l'orthophoniste à l'intérieur d'une équipe multidisciplinaire est de situer le niveau de langage de l'enfant et d'expliquer sa façon de communiquer aux parents et aux autres acteurs des milieux de la santé et de l'éducation. Il est possible que la conclusion d'une telle évaluation ne permette pas de confirmer qu'une intervention en orthophonie soit indiquée à cette étape du développement de l'enfant. D'autres besoins peuvent exiger qu'un travail préliminaire soit d'abord fait pour que celui-ci en profite.

Parmi ceux qui interviennent auprès de l'enfant, il ne faut pas oublier le parent, qui est la personne qui passe le plus de temps avec l'enfant et qui poursuit à la maison le travail entrepris avec l'orthophoniste.

L'approche multidisciplinaire demeure l'approche qui répond le mieux aux besoins d'un enfant. Elle permet de tenir compte de tous les aspects du développement et d'assurer une qualité optimale des services qui lui sont offerts. L'orthophoniste y trouve une place bien précise et complémentaire à celles des autres professionnels en santé mentale.

Voici maintenant quelques exemples d'intervention en orthophonie.

Un enfant de 4 ans avait reçu un diagnostic provisoire de trouble envahissant du développement et un diagnostic différentiel devait être fait. Lors de nos premières rencontres, sa façon d'entrer en communication laissait présumer que les difficultés langagières s'inscrivaient effectivement dans le cadre d'un trouble envahissant du développement. En cours de route, certains comportements ont diminué et il fut possible de comprendre que la problématique de cet enfant était davantage liée à un trouble spécifique du langage, soit la dysphasie.

Prenons l'exemple d'un autre enfant pour qui le diagnostic de trouble envahissant du développement était certain, mais pour lequel il était difficile de préciser ce qu'il comprenait ou pas sur le plan langagier. L'évaluation qui s'est faite à l'aide d'un questionnaire aux parents et d'entrevues avec et sans tests formels a permis de situer les forces et les faiblesses de cet enfant sur le plan langagier. Cette information était importante pour l'enfant qui entrait en maternelle. Allait-il comprendre les consignes données ? L'évaluation avait donc pour objectif de préciser les capacités de compréhension et d'expression verbale de l'enfant ; lorsqu'on le questionnait et qu'il ne répondait pas, était-ce en raison de problèmes spécifiques de langage ou de ses comportements de retrait ? Une partie de la réponse fut fournie par cette évaluation.

Pour une petite fille de 8 ans d'origine asiatique, la question était la suivante : est-ce que sa difficulté de langage était imputable à son bilinguisme ou à un trouble spécifique, ou était-ce l'impact du bilinguisme qui accentuait un trouble déjà présent ? L'évaluation de l'enfant a permis de déterminer qu'il ne s'agissait que d'un retard simple de langage. L'utilisation restreinte de la langue maternelle à la maison pour encourager l'enfant à parler français semblait expliquer, entre autres, les difficultés de l'enfant. En effet, il avait été recommandé à la mère de ne parler qu'en français, mais celle-ci avait de la difficulté avec cette langue. Ainsi, cette situation ne permettait pas une bonne communication entre la mère et la fille.

Un autre enfant, âgé de 11 ans, présentait des difficultés de comportement et d'apprentissage. Pour cet enfant, le trouble d'apprentissage avait une base langagière; il s'agissait d'une difficulté « non apparente », difficulté au plan de ce qu'on appelle la métalinguistique (Combien y a-t-il de mots dans la phrase ? Peut-il répéter une phrase de 6 à 7 mots et en résumer l'information ? Peut-il corriger une phrase grammaticalement incorrecte ? etc.). L'enfant avait aussi de grandes difficultés à raconter. Une partie de ses difficultés de comportement était une résultante des difficultés langagières.

Un autre enfant, pour sa part, présentait un trouble envahissant du développement tout en ayant des difficultés de langage. Il ne pouvait accepter les changements, de sorte que notre heure de rencontre dérangeait sa routine d'activités et devenait donc une grande source de frustrations qui persistait au cours de l'entrevue. Une entente a été conclue avec le psychoéducateur et notre objectif commun fut de l'aider à apprivoiser le changement pour que, par la suite, il soit possible d'introduire un travail plus spécifique.

Telles sont quelques-unes des situations dans lesquelles l'orthophoniste intervient.

Sous le regard de l'ergothérapeute *

Louise Boisjoly
ergothérapeute

Des ergothérapeutes, on en retrouvait au XIXe siècle alors qu'on préconisait l'activité et le travail pour traiter les malades des sanatoriums et des hôpitaux psychiatriques. Plus tard, au moment des grandes guerres mondiales, la thérapie d'occupation connaît une expansion rapide. Au Québec, c'est en 1955 que la première école francophone de réhabilitation est fondée. De nos jours, le champ d'action de l'ergothérapeute est vaste et diversifié. Ce professionnel intervient, en effet, auprès de personnes de tous âges aux prises avec des problèmes d'origine biologique, psychologique ou sociale, tant en santé physique que mentale.

* L'ergothérapeute a une formation universitaire qui est constituée de cours théoriques, d'ateliers pratiques et de stages cliniques. Les études de premier cycle sont axées principalement sur le développement normal et pathologique dans le domaine des sciences médicales (anatomie, neurologie, neurophysiologie, médecine physique, psychiatrie) et humaines (psychologie, sociologie…) ainsi que sur les fondements de la profession (potentiel de l'activité thérapeutique, approches ergothérapiques, relation d'aide…). L'ergothérapeute détient nécessairement un diplôme de maîtrise ou une expertise équivalente.

Le rôle de l'ergothérapeute

Champs d'intervention

L'ergothérapeute s'attarde plus particulièrement à la capacité fonctionnelle et au potentiel d'adaptation. En fait, par la relation ergothérapeutique, il exploite au maximum les capacités physiques et mentales en vue d'aider la personne à s'épanouir et à devenir le plus autonome possible dans son milieu de vie. La contribution plus spécifique de l'ergothérapeute se trouve dans la valeur thérapeutique de l'activité et dans la reconnaissance de la nature occupationnelle de l'homme.

Valeur thérapeutique de l'activité

Les ergothérapeutes sont des thérapeutes de l'activité; c'est dire que l'activité significative est leur outil d'intervention. En fait, l'ergothérapeute considère et met en lumière les différentes capacités fonctionnelles nécessaires à l'accomplissement d'une activité donnée. C'est par cette connaissance de l'analyse fonctionnelle que nous posons notre intervention, soit dans le but d'évaluer, de prévenir, de maintenir, d'améliorer ou d'aider à recouvrer un potentiel de fonctionnement.

Nature occupationnelle

Nous reconnaissons tous qu'il est important qu'un enfant joue afin qu'il apprenne et puisse se développer. Par le fait même, pour l'ergothérapeute qui œuvre auprès du jeune en difficulté, le jeu occupe une place importante. Par ailleurs, au fil des années, la majorité du temps passé à jouer et à s'adonner à des loisirs cède la place à des activités plus productives (scolaires et professionnelles) et de soins personnels. Ainsi, par son intervention, l'ergothérapeute cherchera à amener Émilie, Charlotte et les autres à se réaliser au maximum de leurs capacités, en considérant les trois domaines d'occupation : loisirs, soins personnels et productivité.

Émilie est amenée en ergothérapie à 15 mois. C'est une fillette d'une grande irritabilité qui fait fréquemment des crises, au grand désarroi de ses parents. Ceux-ci la trouvent plutôt passive, peu curieuse et expliquent qu'elle tend à s'éloigner et à s'isoler même quand on cherche à la stimuler. Elle n'aime pas se faire prendre ni être cajolée.

Par un choix judicieux de stimulations, son ergothérapeute tentera plus particulièrement de comprendre son mode de réceptivité sensorielle et de préciser ses compétences motrices, en tenant compte de ses habiletés relationnelles et cognitives. Il multipliera les sources de plaisir, amènera Émilie à répéter des expériences sensorimotrices agréables, à élargir ses actions (jeu exploratoire) et l'aidera ainsi à mieux développer ses capacités psychomotrices.

Spécificité : de la santé mentale à la pédopsychiatrie

Le spectre des problématiques est large et fréquemment multidimensionnel. L'enfant peut présenter des difficultés d'adaptation, un désordre alimentaire, une immaturité socioaffective, un trouble de la personnalité, un trouble sévère de la relation et de la communication ou divers types de psychopathologies.

L'ergothérapeute agit souvent comme partenaire d'une équipe soignante. Il est invité à intervenir en regard de l'atteinte de l'autonomie fonctionnelle. Les difficultés ou risques de perturbations fonctionnelles peuvent être de différentes natures et se présenter sur différents plans: physique, émotif, cognitif et social. L'éclairage complémentaire qu'il apporte vise en fait à cerner la part des facteurs d'origine organique et celle des composantes émotionnelles et relationnelles qui affectent le comportement de l'enfant de même que ses acquisitions développementales.

Une fenêtre ouverte sur l'évaluation

En tout premier lieu, l'évaluation ergothérapique se fait à partir de l'*analyse de l'activité significative*. C'est cette démarche qui permet d'établir tant les capacités préservées et les limites de l'enfant que les éléments susceptibles de faciliter ou d'entraver son potentiel d'actualisation. Ainsi, en plus d'évaluer le niveau quantitatif des acquisitions, l'ergothérapeute fait l'analyse des différentes composantes fonctionnelles (sensorielle, perceptuelle, motrice, cognitive, affective, relationnelle et de communication) du comportement occupationnel et apporte la dimension qualitative du développement fonctionnel.

Le processus d'évaluation

L'ergothérapeute fait d'abord la *cueillette des renseignements* pertinents concernant l'histoire (médicale, développementale, familiale et sociale) de la personne. Chez l'enfant, la perception du problème par les parents et les autres intervenants joue un rôle important et guide l'analyse des besoins et du spécifique de notre action. Pour ce faire, l'ergothérapeute dispose de différents questionnaires et grilles qui permettent de mieux connaître le fonctionnement antérieur et actuel de l'enfant. Il peut utiliser, par exemple, un questionnaire sur l'histoire sensorimotrice, un inventaire d'acquisitions psychomotrices de même qu'une grille des comportements ludiques ou du fonctionnement en garderie et en milieu scolaire.

Une première séance d'évaluation en ergothérapie favorise d'abord l'exploration libre, l'expression et la mise en relation. L'ergothérapeute met en place du matériel d'activités susceptible de correspondre au niveau de développement de l'enfant. C'est un lieu qui se veut attrayant et évocateur de sensations de plaisir. C'est le moment où l'enfant guide l'ergothérapeute qui, pour sa part, observe, écoute, participe au dialogue et capte peu à peu ses intérêts, forces et vulnérabilités.

Au fil des rencontres, l'ergothérapeute exploite avec l'enfant la gamme de ses capacités fonctionnelles en le dirigeant vers des activités plus structurées. Il se sert de tests conventionnels, certains standardisés, et peut utiliser des évaluations développées en clinique afin de mieux répondre aux besoins d'une population cible. Certains instruments de mesure sont plus généraux, tels que des tests de dépistage ou des évaluations globales du développement. D'autres outils sont plus spécifiques et destinés à mesurer seulement les compétences dans différentes sphères du développement. Le choix de l'instrument d'évaluation dépend aussi des courants de pensée (neurobiologique, psychodynamique, behavioral, systémique...) dont s'inspire l'ergothérapeute.

En santé mentale, l'observation directe du fonctionnement du jeune dans le milieu de vie (maison, milieu de garde, école...) peut être privilégiée et s'ajoute à différentes évaluations formelles. Les plus courantes servent à évaluer les acquisitions développementales et à cerner plus précisément les comportements sociaux, les comportements par rapport à la tâche, les intérêts, les loisirs, le jeu de l'enfant, les compétences d'intégration sensorimotrices et perceptuelles, les performances motrices globales et fines, l'autonomie dans les activités quotidiennes et l'expression projective (dessin, collage, etc.).

Un coup d'œil sur le traitement

Après avoir analysé les forces, les limites et les facteurs qui peuvent nuire au développement fonctionnel, l'ergothérapeute détermine s'il y a une indication de suivi. Dans l'affirmative, un plan d'intervention est élaboré en prenant en compte l'enfant, sa famille, le réseau communautaire et l'ensemble des soins intégrés au traitement.

Types de suivis

Le suivi en ergothérapie peut se faire soit sous forme de *consultation* auprès d'autres professionnels de la santé, auprès des enseignants, des intervenants de garderie, ou dans le cadre d'une *thérapie* qui se déroule sur une base régulière et qui peut prendre différentes formes : thérapie individuelle, thérapie parents-enfant ou thérapie de groupe. L'ergothérapeute peut aussi accompagner les parents ou le jeune dans des *stratégies de compensation et d'aménagement de l'environnement* et fournir une *graduation et une sélection d'activités qui favorisent l'actualisation de son autonomie fonctionnelle* (programme de stimulation personnalisé).

Thérapies et approches ergothérapiques

Selon la problématique fonctionnelle rencontrée et le modèle de pratique sélectionné, l'ergothérapeute en santé mentale infantile peut recourir à différentes approches. Voici celles qui sont utilisées le plus couramment.

- L'approche développementale, qui vise à combler un écart d'acquisitions par des activités sensorielles, perceptuelles, motrices, projectives, de vie courante et de socialisation.
- La thérapie de jeu, qui est basée sur la valeur de l'expression symbolique de l'activité ludique.

- L'approche d'intégration sensorimotrice, qui vise à améliorer la façon dont le cerveau traite l'information sensorielle en utilisant des stimulations spécifiques et contrôlées pour faciliter la régulation neuromotrice et les compétences de planification motrice.
- Le modèle de l'occupation humaine, qui cherche à développer le rôle occupationnel de la personne en considérant ses motivations, ses habitudes, ses potentiels de performance et les caractéristiques de l'environnement qui l'entoure.
- La thérapie cognitivo-comportementale, au cours de laquelle le jeune est amené à jouer un rôle actif dans les stratégies choisies pour changer un comportement mal adapté.

Charlotte a 8 ans. Elle présente un trouble important de conduite en classe avec des comportements immatures, de l'opposition, de la maladresse et beaucoup de frustration lorsque son enseignante intervient pour lui prêter assistance. La psychologue a identifié un trouble d'apprentissage avec déficit de l'attention et dirigé Charlotte en orthopédagogie. À la maison, elle est perçue comme distraite, malhabile, triste, contrariée et dévalorisée. Ses parents s'interrogent sur ses capacités motrices, sur les loisirs à encourager et sur les attentes et exigences à avoir par rapport à son autonomie. Ils craignent surtout de trop lui en demander.

À la suite de la consultation des parents en pédopsychiatrie, Charlotte est référée en ergothérapie afin d'élucider plus particulièrement ses difficultés perceptuelles et motrices et de statuer sur des stratégies et des suggestions d'activités qui ont pour but d'aider les parents et l'enseignante dans l'accompagnement et l'éducation de Charlotte.

Charlotte raconte maintenant le trajet parcouru avec Karo, son ergothérapeute :

« À ma première visite chez Karo, il y avait toutes sortes d'activités que je pouvais choisir : des marionnettes, des planches à roulettes, une échelle de corde, des instruments de musique, des casse-têtes géants, une balançoire en forme de poire... J'ai même peinturé avec mes pieds sur de grandes feuilles de papier pour faire une murale. Après, j'ai déjoué Karo deux fois au Tic Tac Toe ! Avec les poutres, les échasses et les cerceaux, on a fait un spectacle : comme au cirque ! C'était vraiment amusant.

« À la rencontre suivante, Karo avait de nouvelles activités à me proposer. Cette fois, elle a utilisé des tests précis. Elle m'a observée tracer sur des pointillés, copier des formes, colorier, découper... Parfois, elle me chronométrait. J'avais de la difficulté à sauter les deux pieds ensemble, à dribbler avec le ballon et je n'arrivais pas à recopier des figures bizarres et à faire bien d'autres choses... Je me décourageais ; je m'emportais. J'ai rempli un questionnaire sur mes intérêts d'activité et on en a parlé.

« Quand j'ai revu Karo, elle m'a expliqué que j'avais un trouble de développement de la coordination et qu'elle pouvait m'aider à découvrir des moyens pour mieux réussir des activités qui sont importantes pour moi.

« Par la suite, je suis revenue à toutes les semaines pendant quelques mois. Avec Karo, je me défoulais, je m'amusais, je faisais des efforts et j'apprenais. Elle me donnait un tas de trucs pour devenir plus compétente. J'améliorais ma coordination, mon écriture et je sautais à la corde. Je me découvrais même des talents artistiques ! Maintenant, je fais aussi du judo avec mes deux amies, Annie et Sarah ! Mes parents participent parfois à la thérapie et suivent mes progrès. Karo communique même avec mon professeur. Ils m'aident tous dans mon quotidien et je reprends confiance.

« Bientôt, je dirai au revoir à Karo pour plus longtemps. Je la reverrai dans trois mois seulement... Nous aurons changé d'année ! »

Des lieux de pratique

Dans le secteur de la santé mentale pour les enfants, on retrouve des ergothérapeutes dans des hôpitaux psychiatriques, des centres hospitaliers avec soins psychiatriques, des cliniques externes de psychiatrie ainsi que dans certains centres de réadaptation, écoles, centres de la petite enfance spécialisés, centres locaux de services communautaires de même qu'en pratique privée.

L'accès à l'ergothérapeute

La procédure pour obtenir des services en ergothérapie peut varier d'un établissement à l'autre. Le plus souvent, c'est le médecin de famille ou un spécialiste (pédiatre, pédopsychiatre, neurologue...) qui fait la demande de consultation en ergothérapie. Les références peuvent aussi provenir de d'autres professionnels (psychologue, orthophoniste, orthopédagogue...). Lorsqu'il s'agit de faire appel à un ergothérapeute en privé, le parent peut recourir par lui-même à ses services.

Les travailleurs sociaux en pédopsychiatrie *

▼

Céline Champagne et Gilles Vaillancourt
travailleurs sociaux

Champs d'intervention

Pour porter le titre de travailleur social, il faut être membre en règle de l'Ordre professionnel des travailleurs sociaux du Québec, dont le mandat premier est de protéger le public. Récemment, cet ordre professionnel précisait ainsi son domaine particulier d'intervention : « Fournir des services sociaux, communautaires et psychosociaux aux personnes, aux familles, aux groupes et aux collectivités, en procédant notamment par l'évaluation psychosociale et l'intervention sociale dans le but de favoriser, par l'interaction avec l'environnement, le développement personnel et social ainsi que l'amélioration ou la restauration du fonctionnement social. »

* Les travailleurs sociaux ont une formation universitaire qui les habilite à offrir des services professionnels dans différents milieux : centres locaux de services communautaires, écoles, milieux de travail, centres jeunesse, hôpitaux, médiation familiale et autres. Certains œuvrent également en pratique privée ou encore dans les domaines de l'enseignement et de la recherche.

Pourquoi consulter un travailleur social?

Lorsque des parents consultent en pédopsychiatrie, il arrive très souvent que le psychiatre requière l'expertise du travailleur social de l'équipe afin d'évaluer le fonctionnement social de la famille et, s'il y a lieu, de proposer un traitement. Dans ce contexte, il peut rencontrer également la fratrie, les parents - même s'il y a eu séparation - les nouveaux conjoints et, occasionnellement, les grands-parents ou d'autres membres de la famille élargie. Les raisons pour lesquelles on le consulte sont multiples: hyperactivité, difficultés de comportement ou de développement, anxiété de séparation, rivalité fraternelle, idées ou tentatives suicidaires, timidité excessive, sous-performance scolaire, problèmes d'adaptation au divorce des parents, tristesse, isolement social, idées ou comportements bizarres, dérèglement du sommeil, anxiété, tics, énurésie, dépression, etc. Les parents demandent de l'aide d'abord pour leur enfant, mais aussi parfois pour eux-mêmes, faisant face à des difficultés sérieuses et persistantes en lien avec leur enfant et pour lesquelles ils n'ont pas trouvé de solution. Ainsi, les parents d'un enfant hyperactif « ayant tout essayé » (récompenses, retraits, promesses, punitions, menaces) s'adressent à lui en espérant trouver une voie de résolution à la situation qui pose problème.

Le travailleur social est sollicité à titre de spécialiste pour intervenir auprès des parents, considérant qu'ils sont les personnes les plus significatives pour l'enfant. Ce sont eux qui fournissent le matériel nécessaire au travailleur social pour obtenir une image globale de la situation. Leur collaboration est donc essentielle dans le processus de consultation.

La démarche de consultation

Lors des premières entrevues, le travailleur social rencontre les parents dans le but d'identifier les forces et les faiblesses du système familial, les rôles de chacun des membres de la famille, les valeurs véhiculées, les aspirations, la satisfaction des besoins, la répartition des tâches, les interactions familiales et les règles établies. C'est l'occasion pour les parents de s'exprimer sur leur vécu en rapport avec les difficultés de leur enfant ou de leur adolescent. Dans un climat de confiance, le travailleur social cherche, sans les juger, à comprendre avec eux le sens que ces difficultés prennent dans leur histoire familiale : la tentative suicidaire d'un enfant ou l'épisode anorexique d'une adolescente n'aura pas la même signification selon que ces problématiques s'inscrivent dans telle ou telle dynamique familiale.

La démarche de consultation, pour les parents, ne va pas de soi, et le travailleur social en est conscient. Demander de l'aide constitue en fait un aveu d'impuissance et une blessure narcissique. De plus, les préjugés face à la psychiatrie demeurent tenaces et il est fréquent que les parents se sentent coupables et mal à l'aise. Ils sont parfois pointés du doigt par le corps enseignant, critiqués par le personnel de la garderie, semoncés par le grand-père, rappelés à l'ordre par l'omnipraticien. Le travailleur social, pour sa part, a souvent à définir ou à redéfinir son rôle auprès des parents, surtout en début de consultation, car l'image que la société véhicule du travailleur social peut être biaisée et source de confusion : enquêteur, « agent de placement », distributeur de fonds. Sa spécificité est beaucoup plus vaste et nuancée. Il arrive certes que son travail le conduise à fournir des conseils aux parents, à les informer des ressources existantes, à les piloter dans des démarches concrètes, mais cette dimension s'inscrit toujours dans un contexte d'intervention thérapeutique souvent complexe et après une évaluation approfondie de la situation-problème.

Il se peut qu'à l'occasion, et cela de concert avec l'équipe soignante, un placement temporaire de l'enfant ou de l'adolescent soit suggéré. Cette proposition se fera dans des situations où les problèmes présentés sont très sérieux et où les parents sont incapables à ce moment d'envisager une autre solution. Souvent, cet éloignement permettra de désamorcer un état de crise et de travailler à la reconstruction de liens familiaux dans un contexte plus favorable.

Après l'évaluation psychosociale, l'intervention jugée la plus pertinente est proposée : entrevues de guidance parentale, rencontres parents-enfant, entrevues familiales ou groupes de parents. La thérapie du travailleur social se fait le plus souvent de façon concomitante avec le traitement de l'enfant par un autre professionnel de l'équipe selon les besoins. Au fil des semaines, les rencontres permettent aux parents d'approfondir la problématique pour laquelle ils ont consulté, de saisir leur engagement personnel et de s'outiller pour mieux composer dans le quotidien avec leur enfant. Cette démarche de consultation devrait les amener à une compréhension plus juste de la situation-problème et à l'introduction des changements significatifs. Un mieux-être et une meilleure harmonie au sein de la famille se dessineront alors au fur et à mesure de l'évolution de la démarche.

Il arrive souvent au travailleur social d'établir des liens de collaboration avec différents professionnels d'organismes extérieurs afin d'articuler leurs approches et de maximiser ainsi le traitement offert. Cette collaboration installée pendant la thérapie pourra, si nécessaire, se prolonger dans le but d'assurer une continuité de soins.

Des illustrations cliniques

Afin de mieux saisir le sens du travail du travailleur social, voici maintenant deux vignettes ou illustrations cliniques inspirées de situations réelles sensiblement modifiées pour préserver l'anonymat des jeunes dont il est question : la première concerne un enfant, la seconde, une adolescente.

Martin, 10 ans, est amené par sa mère chez le pédiatre. Celle-ci s'inquiète de la baisse du rendement scolaire de son fils, du fait qu'il s'isole de plus en plus à l'école et qu'il manifeste d'importantes réactions agressives dirigées principalement vers sa sœur de 13 ans. Martin confie au pédiatre qu'il a parfois des idées suicidaires et qu'il lui arrive depuis deux mois d'entendre des voix qui lui dictent sa conduite. Ces dernières révélations bouleversent la mère car jamais Martin n'en avait parlé avec elle. La situation est suffisamment sérieuse pour que le pédiatre demande sur-le-champ une consultation en pédopsychiatrie.

L'enfant est hospitalisé au service interne de psychiatrie durant deux semaines, au cours desquelles un diagnostic de début de schizophrénie sera posé. L'évaluation psychologique demandée met en évidence un enfant dont le niveau intellectuel se situe dans la moyenne avec toutefois une structure de personnalité très fragile. La thérapie de milieu qui se déroule dans le quotidien permet au personnel des soins infirmiers, aux psychoéducateurs et aux éducateurs de constater qu'effectivement Martin entend des voix et que ses verbalisations suicidaires sont récurrentes.

Les parents de Martin sont mariés depuis 15 ans. Leur relation de couple n'est toutefois pas facile car le père est un homme très anxieux et peu fonctionnel. Il reçoit une médication depuis de nombreuses années et son état mental est stationnaire. Il est très centré sur ses propres difficultés et peu réceptif aux besoins de son fils. La mère est la figure dominante de la famille depuis des années. La maladie psychiatrique de Martin a amené la mère à développer beaucoup d'agressivité à l'égard du père, le rendant responsable des difficultés sévères de son fils. Selon elle, c'est le père qui a transmis à Martin sa propre maladie. De son côté, elle se reproche d'avoir choisi cet homme fragile comme père de ses enfants et n'accepte pas la maladie de son fils.

Les deux parents ont été reçus ensemble en entrevue à quelques reprises seulement. Le père ne peut s'engager dans sa fonction parentale plus qu'il ne le fait actuellement; accaparé par ses propres difficultés, il a peu accès aux relations interpersonnelles. Nos interventions ont été centrées presque exclusivement sur la mère pour que soient dites et travaillées son agressivité à l'égard de son mari et sa propre culpabilité en rapport avec son choix de conjoint. L'enjeu majeur a toutefois porté sur l'acceptation de la maladie de Martin. Le travail avec la mère lui a permis de prendre une certaine distance avec son fils et de collaborer au traitement en gardant espoir malgré la pathologie sévère. Elle a été capable de mobiliser des organismes extérieurs pour que son mari reçoive de l'aide, ce que la honte l'avait empêchée de faire jusqu'à maintenant. De plus, elle a pu se permettre de retourner sur le marché du travail à temps partiel, y trouvant valorisation et contacts sociaux.

■ **Julie** a 17 ans. Sa mère a fait appel à la clinique externe parce que l'état actuel de sa fille l'inquiète. De notre côté, nous recevons une demande de consultation pour intervenir auprès de ses parents. Très performante au cégep (collège d'enseignement général et professionnel), Julie se présente à l'hôpital accompagnée de sa mère. Depuis quelques semaines, elle a des idées noires, des problèmes de sommeil, des difficultés de concentration et des résultats scolaires à la baisse aux derniers examens. Julie a cessé de voir ses amis et s'isole à la maison. Certains matins, elle est incapable de se lever pour aller à ses cours et passe la journée sous les couvertures dans le lit de sa mère.

Les parents sont séparés depuis quatre ans ; l'adolescente vit tantôt chez l'un tantôt chez l'autre, selon son gré. Malgré leurs divergences, les ex-conjoints sont capables de communiquer sans animosité et sont tous deux préoccupés par l'éducation et la santé de leur fille, qui est leur seule enfant. Julie est très en colère contre son père qui, selon elle, n'est pas assez présent à la maison lorsqu'elle y habite. Elle l'accuse de lui préférer sa nouvelle conjointe avec laquelle elle ne s'entend pas. La mère de l'adolescente, pour sa part, n'a pas de nouveau conjoint. Elle consacre beaucoup de temps et d'énergie à sa profession, mais elle organise son horaire de travail pour arriver à la maison à une heure régulière. Julie est d'avis que sa mère se mêle trop de sa vie personnelle et estime qu'à son âge, elle peut gérer sa vie toute seule. La mère est très inquiète de l'état de santé de sa fille et craint qu'elle fasse de mauvais choix.

Après évaluation, la psychiatre conclut à un diagnostic de dépression majeure et propose une médication anti-dépressive ainsi qu'une thérapie individuelle hebdomadaire. D'abord rébarbatifs à la prise de médicaments, Julie et ses parents acceptent finalement l'idée pour un temps limité. Pour notre part, dans un contexte d'évaluation, nous décidons de rencontrer le père de Julie seul puis, dans un second temps, sa mère. Notre travail a d'abord consisté à écouter et à soutenir les parents qui étaient très inquiets de l'état de santé de leur fille. Ils se posaient mille questions sur l'origine et l'évolution possible de la dépression, de même que sur les capacités de leur fille à poursuivre ses études. Au cours des rencontres, ils ont pu exprimer les différents sentiments que la maladie de leur fille suscitait chez eux. Une fois la situation de crise résorbée et devant l'amélioration symptomatique de Julie, il a été possible de réaliser des entrevues mère-fille et père-fille pour aborder leurs difficultés relationnelles. À l'aide de situations tirées de leur quotidien, ils étaient invités à raconter comment ils avaient vécu tel ou tel événement et à vérifier auprès de l'autre si le message exprimé avait été reçu correctement. Le travail avait toujours comme objectif d'aider le parent et l'adolescente à traduire avec le plus de clarté possible leurs émotions, leurs perceptions, leurs attentes et leurs besoins par rapport à l'autre. Après une dizaine de rencontres, la famille nous a fait part d'améliorations significatives dans leurs relations et nous avons convenu avec eux d'espacer les rencontres puis de les cesser.

Julie poursuit ses entrevues avec son psychiatre et va beaucoup mieux. Elle a progressivement repris contact avec ses amis et recommencé quelques activités de loisirs. Elle a réussi son année au cégep, a eu un travail à temps partiel pendant l'été et entrera à l'université à l'automne.

Ces vignettes cliniques illustrent bien la multidisciplinarité de la tâche du travailleur social et la complémentarité de ses approches et de ses compétences. En effet, dans les situations complexes auxquelles il fait face, l'apport de chaque professionnel est indispensable pour offrir une gamme de services et répondre aux besoins tant des enfants que des parents. C'est dans ce contexte que le travail d'équipe prend tout son sens. Gage de qualité pour la clientèle, ce travail est également un lieu de ressourcement pour les différents praticiens œuvrant en santé mentale.

Les psychomotriciennes *

Johanne Durivage et Nicole Gendron
psychomotriciennes

Introduction

Conçue et développée en France ainsi qu'en Suisse au début des années 60, la psychomotricité fut introduite au Québec en 1966 par des psychomotriciennes venues d'Europe.

Cette profession demeure peu répandue bien que la psychomotricité soit utilisée par certains éducateurs spécialisés, ergothérapeutes, orthopédagogues et psychoéducateurs dans leur approche auprès des enfants. La psychomotricité n'est pas au programme des universités québécoises.

* La psychomotricienne possède une formation universitaire européenne et elle effectue ses stages dans différents milieux pédopsychiatrriques ou dans des centres spécialisés de l'enfance. La formation générale est centrée d'une part sur le développement psychomoteur de l'enfant (motricité globale, motricité manuelle, orientation spatiale [sur, sous, devant, derrière], orientation dans le temps [avant, après, hier, demain]) et, d'autre part, sur le développement affectif et cognitif.

Champs d'intervention

La psychomotricité a pour objet principal l'étude de la relation entre le corps, ses mouvements et les fonctions mentales de l'enfant. Son but est de favoriser ou de rétablir un développement harmonieux par l'intermédiaire d'échanges sur le plan du plaisir corporel.

Pratique

La pratique de la psychomotricité est orientée vers une approche rééducative et psychothérapeutique. Le développement psychomoteur précède celui du langage : le nouveau-né s'exprime d'abord par son corps (il bouge, il crie, il pleure) ; c'est donc un langage corporel qui s'installe. C'est ainsi que l'enfant peut percevoir et s'exprimer. Le bébé perçoit de « l'intérieur » : c'est ce que cette discipline appelle les sensations perceptivo-motrices et sensorimotrices (sensation de plaisir, de douleur, de faim), lesquelles s'organisent et se structurent peu à peu afin de permettre à l'enfant de grandir et, ainsi, de quitter sa position égocentrique de petit enfant, celle où il se percevait jusque-là comme étant le centre du monde.

Ce développement sera possible à condition que l'enfant puisse vivre dans un milieu où les tensions émotionnelles et affectives ne l'empêchent pas de grandir et, ultérieurement, d'investir un champ plus abstrait qui est celui de l'apprentissage scolaire.

La thérapie psychomotrice, qui s'appuie sur le jeu moteur individuel ou de groupe, procure à l'enfant en difficulté un espace neutre où il peut investir son corps, investir le jeu et découvrir son environnement de façon plus positive.

En s'adressant au corps, la thérapeute en psychomotricité encourage parfois l'enfant à régresser, mais elle lui donne aussi de nouveaux moyens pour que son corps fonctionne mieux et s'exprime mieux. Pour l'enfant, la difficulté motrice est plus ou moins chargée de significations émotives : « Je suis maladroit, je ne peux pas attraper le ballon, les amis ne veulent pas jouer avec moi. »

Première entrevue et évaluation psychomotrice

En milieu hospitalier, c'est le pédopsychiatre qui réfère le plus souvent l'enfant en psychomotricité. C'est souvent au moment d'entrer à la garderie ou lors de la rentrée scolaire que l'éducateur ou l'enseignant remarque qu'un enfant a de la difficulté à tenir son crayon ou qu'il n'arrive pas à jouer comme les autres (au ballon, par exemple).

La première entrevue est souvent une prise de contact avec l'enfant et les parents ou avec l'enfant seul, selon l'âge de ce dernier. C'est une entrevue d'exploration où la psychomotricienne peut déjà observer les capacités ludiques de l'enfant, sa spontanéité et sa créativité, ou parfois l'absence de ces capacités. Cette première entrevue permet souvent de créer un lien, d'établir un lieu pour expliquer aux parents le plus simplement et le plus justement possible la raison pour laquelle on a référé leur enfant en psychomotricité. La psychomotricienne est aussi là pour répondre à leurs questions et pour être empathique à leurs inquiétudes ; cela est bien souvent le cas lors d'une première rencontre. « Est-ce que mon enfant est normal ? S'il a un retard au plan de la motricité manuelle, va-t-il pouvoir apprendre à écrire normalement ? » Pendant ce temps, l'enfant comprend que ceux-ci l'ont amené consulter afin qu'il soit soulagé de son mal-être.

L'évaluation psychomotrice peut inquiéter les parents puisqu'elle signifie la possibilité d'un trouble moteur (agitation motrice, tics) ou d'un retard psychomoteur qui peut gêner l'enfant dans ses apprentissages. Elle peut aussi faire peur à l'enfant et le mettre dans une situation angoissante : peur de l'inconnu, peur de l'échec.

L'évaluation se fait presque toujours en deux rencontres avec l'enfant seul, sauf s'il est trop jeune ; dans ce cas, ses parents assistent aux rencontres. Dans un premier temps, la psychomotricienne observe l'enfant qui joue librement, ce qui lui permet d'observer sa façon de bouger, de se déplacer, d'être en relation. Elle porte également attention à ses réactions sensorielles aux bruits, à la lumière, à la proximité physique. Elle attache de l'importance à sa façon d'explorer l'espace et les objets qui l'entourent, ainsi qu'à sa façon d'utiliser les jouets. Elle explique aux parents que l'évaluation psychomotrice lui permet d'observer les forces et les faiblesses de l'enfant sous différents aspects :

- dans son développement neuromoteur : sa motricité globale, sa force, son agilité, sa rapidité, etc. ;
- dans son développement perceptivo-moteur : la connaissance de son corps, sa latéralité, son orientation dans l'espace et dans le temps.

L'enfant possède un équipement de base (tonus musculaire, posture, respiration) et aussi des conduites nerveuses qui lui permettent de percevoir son environnement (les sons, les bruits, la lumière, les sensations tactiles, etc.). Vers 12 ans environ, l'enfant a déjà franchi d'importantes étapes de sa maturation neuromotrice.

Les observations de l'enfant dans son développement moteur et affectif permettent à la psychomotricienne de mettre l'accent soit sur une stimulation du développement psychomoteur soit sur une thérapie psychomotrice au cas où les difficultés de l'enfant seraient réactionnelles à un milieu de vie peu stable ou à des événements traumatiques.

Interventions thérapeutiques

Certaines des interventions de la psychomotricienne se font en collaboration avec d'autres psychomotriciennes ou avec d'autres professionnels de l'équipe soignante. Parfois, l'enfant a besoin de séances individuelles avec un seul thérapeute alors qu'un autre enfant bénéficiera davantage de séances de groupe qui améliorent ses compétences motrices et sociales. Il s'agit chaque fois d'une rencontre hebdomadaire d'une durée de 50 minutes qui se déroule dans un espace où il n'y a aucun jouet à la portée de l'enfant afin de ne pas le distraire. Ces séances de psychomotricité procurent à l'enfant en difficulté un espace neutre où il peut investir son corps, découvrir son environnement de façon positive et obtenir une meilleure image de lui-même sans que l'adulte puisse porter un jugement. Par la suite, la psycomotricienne invite l'enfant à choisir un jeu (ballon, cerceau, raquettes, cordes, pâte à modeler, peinture) et joue avec lui dans le but d'observer sa façon d'investir le jeu, de communiquer avec l'autre, de se contrôler, de manifester du plaisir.

Fanny, une fillette de 5 ans, adoptée, présente un malaise corporel dans les jeux de groupe et une très faible estime de soi. Fanny reçoit beaucoup de stimulation à la maison dans sa nouvelle famille, mais des réactions affectives dues à son passé l'empêchent de faire face au monde des autres enfants. Nous tentons alors d'aborder la thérapie en explorant ses intérêts (la peinture) et, par le fait même, de travailler ses difficultés de motricité fine sans attaquer de front le symptôme. Grâce à cette exploration ludique et au médium utilisé, Fanny est peu à peu fière de ses productions et elle souhaite même apporter ses peintures à la maison ou à la garderie pour les montrer. Elle apprendra à raffiner ses gestes en utilisant, par exemple, de petits pinceaux ou de plus petites feuilles.

Le travail individuel avec l'enfant ne peut se faire sans la collaboration des parents, des intervenants de l'école ou de la garderie et des professionnels de l'équipe soignante. Des communications téléphoniques fréquentes sont nécessaires et permettent aux professionnels concernés de discuter de l'enfant en question.

François, âgé de 8 ans, est d'intelligence normale avec des retards importants sur les plans moteur et langagier. Il présente aussi des difficultés de socialisation (agressivité, impulsivité avec les camarades à l'école). À la maison, François est très exigeant dans ses rapports avec sa sœur aînée et sa mère. La mère et les intervenants scolaires sont découragés, ils ne savent plus comment aider ce garçon. Dans un premier temps, la psychomotricienne entreprend une prise en charge individuelle car François est désorganisé, sans structure au plan spatio-temporel et son avidité ludique est telle qu'elle ne lui permet pas de fonctionner harmonieusement en groupe. Après quelques mois de séances individuelles, François se contrôle mieux et peut accéder à la thérapie psychomotrice de groupe. Celle-ci permettra à l'enfant de développer, d'une part, ses habiletés motrices grâce à des jeux de ballon et à d'autres jeux de motricité fine (bricolages, pâte à modeler) et, d'autre part, d'améliorer sa communication verbale par des jeux d'expression psychodramatiques (déguisements, jeux de rôle).

Intervention de groupe parents-enfants de 3-5 ans

Il est souvent utile que les parents puissent observer leur enfant en action à travers un miroir sans tain. Cela leur permet de le voir dans une situation différente de celle de la famille, c'est-à-dire avec d'autres adultes et d'autres enfants.

Sébastien, 4 ans, enfant unique, ne présente pas de difficulté à la maison. Toutefois, en classe de prématernelle, il s'intègre difficilement au groupe : il présente des difficultés de socialisation à cause d'une inhibition tant sur le plan du langage que sur le plan moteur. Il préfère jouer seul dans un espace restreint plutôt que de jouer au ballon ou dans la cour de récréation. Dans le groupe, Sébastien sera donc confronté aux idées de jeux des autres enfants, à l'utilisation d'un grand espace, au partage du matériel et aussi aux thérapeutes qui solliciteront sa participation.

Le parent, accompagné d'une psychomotricienne, peut observer d'une façon plus détachée le comportement inhibé de son enfant, ses difficultés à avoir du plaisir en groupe, à utiliser un grand espace de jeu, à bouger, à jouer au ballon, etc. Il peut aussi voir les autres enfants venir solliciter le leur pour jouer et les thérapeutes le féliciter de ses efforts. Dans un deuxième temps, les parents peuvent partager, dans une autre salle mais avec la même psychomotricienne, leurs observations et leurs inquiétudes. Ce genre d'approche thérapeutique est indiqué dans les cas d'angoisse de séparation et de troubles anxieux.

Intervention mère-enfant

Julien, 4 ans, né prématurément à 26 semaines, a présenté de multiples retards et des déficits importants dès la naissance. Ceux-ci ont entravé le lien mère-enfant : la mère est peu protectrice, peu affectueuse, elle recherche peu la proximité avec son fils et établit mal les limites corporelles. De son côté, l'enfant demande peu et n'est pas « dérangeant » en quelque sorte.

Julien a vécu plusieurs hospitalisations en bas âge et, encore maintenant, doit se soumettre à de nombreuses visites médicales à l'hôpital. De ce fait, la mère a eu des difficultés à investir son fils malade et à développer une relation de plaisir, d'échange ludique avec ce dernier. Julien était peu valorisant pour ses parents, particulièrement pour sa mère qui souhaitait vivement réapprendre à jouer et à avoir du plaisir avec son fils.

Dans ce cas, nous avons simplement joué avec la mère et l'enfant, privilégiant ainsi les interactions et les échanges spontanés entre Julien et sa mère et permettant à cette dernière d'atténuer ses attitudes trop éducatives sans doute dictées par les retards de son fils. Ces jeux ont eu lieu au cours de séances de 60 minutes environ, dans une salle adaptée aux besoins des petits (tapis au sol, couvertures, coussins, blocs mousses, lavabo, ballons, poupées, etc.).

Peu à peu, nous avons laissé la mère et l'enfant jouer ensemble alors que nous intervenions le moins possible. Notre travail consistait à redonner à l'enfant sa juste place et à revaloriser la mère dans ses compétences maternelles qu'elle avait d'ailleurs déjà développées avec son fils aîné.

Conclusion

Les parents sont parfois étonnés et agréablement surpris de l'impact que peuvent avoir de simples jeux moteurs sur la relation qu'a l'enfant avec son milieu familial et scolaire. Les progrès de l'enfant se traduisent par une confiance renouvelée dans ses compétences motrices et par un élargissement de son champ d'action. De plus, il faut noter chez le jeune enfant qui développe favorablement ses perceptions sensorielles, imaginaires et affectives une amélioration de l'estime de soi et de la relation avec ses pairs.

L'INFIRMIÈRE EN SANTÉ MENTALE *

CÉLINE PILON ET LUCIE THIBAULT
infirmières

Les soins infirmiers en psychiatrie et en santé mentale constituent un champ de pratique spécialisée axé sur la promotion de la santé mentale, la prévention des maladies mentales et le soin des personnes atteintes de problèmes de santé mentale.

Quand et pourquoi consulter une infirmière?

L'infirmière exerce dans différents domaines: santé communautaire, santé du travail, santé de l'enfant, santé maternelle et infantile et pédopsychiatrie (enfants et adolescents). Elle contribue à l'amélioration de la condition de l'enfant et de sa famille dans des situations de crise.

* La profession d'infirmière est accessible soit par l'obtention d'un diplôme d'études collégiales en techniques infirmières, soit par l'obtention d'un baccalauréat en sciences infirmières ou par l'obtention d'un baccalauréat ès sciences par cumul de trois certificats, dont deux en soins infirmiers. En faisant une maîtrise en soins infirmiers, il est également possible de se spécialiser en psychiatrie. Certaines infirmières ayant des carrières dans l'enseignement et la recherche ou d'autres formations relatives à la psychothérapie peuvent poursuivre des études doctorales.

En ce qui concerne le volet promotion de la santé mentale et prévention de la détresse psychologique, l'infirmière est présente au sein des équipes famille-enfance-jeunesse, des centres locaux de services communautaires, des écoles, des centres de la petite enfance et en périnatalité.

Les soins prodigués par l'infirmière s'inscrivent dans un contexte interdisciplinaire; son travail en est un de partenariat avec d'autres professionnels de la santé et avec les organismes du système de prestation des services de santé et des services communautaires.

Les interventions interdisciplinaires visent le développement, le maintien et l'intégration des personnes dans la communauté. Ces interventions, de même que les liens tissés avec les ressources communautaires, permettent d'éviter le syndrome « de la porte tournante » qui se traduit par la réhospitalisation fréquente des personnes. L'équipe interdisciplinaire intervient dans le cadre d'une approche systémique axée sur les besoins des personnes et de leur famille. Différents programmes ont été élaborés afin de répondre aux besoins de cette clientèle.

L'approche de l'infirmière est biopsychosociale. Elle permet d'arriver à une compréhension de l'enfant dans sa globalité, de l'accompagner et d'intervenir sur un mode multidimensionnel.

La première entrevue

En clinique externe de pédopsychiatrie, la première entrevue avec l'infirmière s'effectue dans le cadre de la *préévaluation*. Au préalable, l'inscription téléphonique de l'enfant à la clinique a été faite par le parent sur la recommandation d'un professionnel de la santé (pédiatre, omnipraticien, psychologue scolaire, infirmière scolaire, travailleuse sociale, etc.). Les informations recueillies à l'inscription sont transmises à l'infirmière qui procède, en temps opportun, à la préévaluation.

Cette entrevue de préévaluation se fait soit par téléphone, soit en personne. Elle permet de compléter et de documenter les informations reçues lors de l'inscription en regard des motifs de la consultation. La nature du problème et ses différentes manifestations sont abordées afin d'en saisir le sens, l'ampleur ainsi que l'impact sur la vie de l'enfant et de sa famille.

Quelle est l'utilité de la préévaluation ? En premier lieu, elle sert de base préparatoire à l'évaluation pédopsychiatrique subséquente. Ainsi, les données recueillies transmises au pédopsychiatre permettent de paramétrer l'évaluation. Lors de la préévaluation, l'infirmière s'assure donc de la pertinence de la demande ; en d'autres mots, elle s'assure que le problème présenté requiert vraiment une consultation en pédopsychiatrie. La préévaluation permet également de statuer sur la priorité à donner à la demande.

Quels types d'intervention ?

Les interventions de l'infirmière qui œuvre en santé mentale auprès de l'enfant visent le maintien ou la réinsertion de l'enfant dans son milieu familial, social ou scolaire. L'infirmière assiste l'enfant et la famille dans l'apprentissage des rôles et des relations. Par son apport, elle souhaite aider l'enfant à vivre en établissant et en maintenant des relations et des contacts sociaux satisfaisants, à développer son autonomie et sa capacité d'adaptation aux défis occasionnés par les différentes étapes de sa croissance et de son évolution tout en tenant compte de son rythme.

Précisons qu'en matière de prévention et de promotion de santé mentale, le travail en périnatalité et en santé scolaire présentent des occasions privilégiées.

L'infirmière en périnatalité intervient en poursuivant les objectifs suivants:

- rendre les parents capables de percevoir la réalité de l'enfant en tant qu'autre personne, à le respecter et à lui reconnaître des droits propres;
- explorer les attentes de la mère relativement à l'enfant et les effets de la famille et de la culture sur ces attentes;
- apporter le soutien requis au développement de la relation mère-enfant et en explorer les différents aspects;
- favoriser le développement d'une relation enfant-mère-père satisfaisante;
- favoriser le contact direct entre la mère et l'enfant, lui permettre d'identifier les besoins individuels de l'enfant et d'y répondre pour qu'un certain synchronisme s'établisse entre les besoins et les réponses de l'enfant et de la mère;
- aider la mère à identifier les différences individuelles du bébé au point de vue de l'activité, de la tétée, de la digestion, de la sensibilité au bruit, au toucher et au goût;
- identifier les problèmes susceptibles de survenir et préparer un plan d'action pour apporter un soutien aux mères qui en ont besoin;
- aider de façon particulière les mères qui vivent des situations problématiques ou des états de crise (deuil, chômage, accident, tentative d'avortement, famille monoparentale, enfant avec malformation, etc.);
- identifier les conflits et les problèmes, et intervenir soit par de l'enseignement, soit par du soutien ou en référant la mère à un consultant en santé mentale selon les difficultés de la situation et la sévérité du problème.

L'infirmière qui œuvre en santé scolaire doit contribuer au développement optimal de l'enfant, en particulier sur le plan de la santé mentale. Voici les objectifs poursuivis :

- informer les parents et les enseignants sur les caractéristiques du développement de l'enfant et les problèmes spécifiques aux différents groupes d'âge ;
- former des groupes de discussion sur des problèmes communs pour favoriser l'apport d'un soutien mutuel de la part des pairs ;
- orienter les familles qui demandent une aide et des interventions spécialisées vers les ressources appropriées ;
- diminuer les troubles émotionnels consécutifs aux événements traumatisants qui surviennent dans la vie d'un enfant en apportant le soutien requis ;
- dépister les troubles de comportement et les syndromes (ex. : enfant retiré, hyperactif, etc.) et diriger vers les ressources appropriées ;
- informer les familles sur les habitudes de vie, la sexualité, l'alcoolisme et les drogues.

La fonction principale de **l'infirmière dans une équipe externe de santé mentale** est celle d'agent thérapeutique auprès d'un individu, d'une famille ou d'un groupe. C'est dire qu'elle amorce et maintient le processus thérapeutique auprès de l'enfant ou de la famille, participe au bilan de santé de l'enfant et à l'analyse de la demande. Elle est responsable de l'élaboration du plan de soins pour les enfants qui lui sont assignés, assure la continuité des soins pour ces enfants et, pour ce faire, communique avec les autres agents engagés dans le traitement. Elle contribue aussi à maintenir des liens fonctionnels avec les autres instances du réseau de distribution des soins telles que les centres locaux de services communautaires, les unités de soins de santé mentale, le service d'urgence, les centres d'accueil et les autres ressources communautaires.

L'infirmière peut conseiller les infirmières des centres locaux de services communautaires ou des autres unités de soins lorsqu'elles ont un rôle à jouer auprès de l'enfant.

L'infirmière de l'unité de soins de santé mentale est responsable du soin global d'un enfant ou d'un groupe d'enfants. Pour ce faire, elle identifie leurs besoins, élabore le plan de soins, prodigue les soins infirmiers, les contrôle et exécute les ordonnances médicales. Dans l'exercice de ses fonctions, elle collabore à l'organisation et au maintien du milieu thérapeutique en complémentarité avec les autres membres de l'équipe interdisciplinaire.

D'autres lieux de pratique

Il est à noter que certaines infirmières ayant obtenu des formations en psychothérapie œuvrent en pratique privée. D'autres infirmières travaillent dans les centres locaux de services communautaires, au sein des équipes de santé mentale.

Conclusion

Au terme de ce survol des principales disciplines en santé mentale auprès des enfants, il convient de souligner que d'autres professionnels ou spécialistes œuvrent de près ou de loin auprès des jeunes et de leurs familles. Ainsi, le pédiatre est souvent le premier interlocuteur des parents qui consultent pour leur enfant. Ce médecin, spécialisé dans la médecine des enfants et des adolescents, connaît bien le développement physique des enfants et les problèmes médicaux que ceux-ci peuvent présenter. Il peut aussi dépister des problèmes de santé mentale et c'est souvent celui-ci qui oriente les parents, s'il le juge nécessaire, vers un spécialiste dans une discipline connexe ou dans un service spécialisé.

En terminant, nous souhaitons que cet ouvrage ait pu vous éclairer et vous guider dans vos questionnements ou dans les démarches que vous avez à effectuer. Les parents qui consultent pour leur enfant ont généralement beaucoup de questions à poser et aiment pouvoir parler avec un professionnel avant d'entreprendre une démarche. Pour les enfants plus jeunes, les parents peuvent discuter avec le pédiatre de la famille afin de savoir s'il y a lieu de consulter et, le cas échéant, vers quel spécialiste se tourner et à quel endroit se rendre. Cela peut se faire également en contactant le centre local de services communautaires de son secteur ou en discutant avec les intervenants de l'école. Enfin, les parents doivent être à l'écoute de leur enfant s'ils veulent saisir ses préoccupations. En discutant avec lui de ses difficultés et des solutions possibles, ils peuvent permettre à l'enfant d'apprivoiser l'idée d'aller consulter un spécialiste et, ainsi, de préparer une démarche de consultation.

ANNEXE

DES ÉTUDES SUR LA SANTÉ MENTALE

Il peut s'avérer utile de revoir quelques résultats de certaines études épidémiologiques, dont celle commandée par Santé Québec dans les années 90 et réalisée par l'équipe de Breton et Valla auprès d'une population d'enfants âgés entre 6 et 14 ans[1].

Cette étude révèle qu'il y a près de 20 % des enfants de la population québécoise qui présentent un problème de santé mentale. Des études similaires, effectuées dans divers pays, obtiennent des résultats semblables. Cela signifie qu'il y aurait un enfant sur 5 ou sur 6 qui présenterait à un moment ou à un autre de sa vie des problèmes de santé mentale. De cette proportion, nous savons qu'un faible pourcentage de ces enfants en difficulté reçoivent de l'aide, que ce soit d'un professionnel de l'école, du centre local des services communautaires, d'un pédiatre, d'un professionnel en pratique privée ou en clinique de pédopsychiatrie.

Une étude récente des problèmes de santé mentale chez les adultes, publiée par Santé Québec, révèle que 20 % de la population adulte présente à un moment ou à un autre un problème

1. BRETON, Jean-Jacques et Jean-Pierre VALLA. *Enquête québécoise sur la santé mentale des jeunes de 6 à 14 ans, 1992*. Montréal : Hôpital Rivière-des-Prairies/ Santé Québec, 1994.

de santé mentale[2]. Il est important de rappeler que les problèmes de santé mentale chez les adultes ne se résument pas à des troubles psychiatriques graves comme la schizophrénie, mais qu'ils s'étendent à des problèmes comme l'abus d'alcool ou de drogue, la dépression, l'anxiété, etc. Dans cette perspective, nous croyons que les enfants qui présentent durant l'enfance ou l'adolescence des problèmes de santé mentale sont plus susceptibles d'avoir des difficultés à l'âge adulte. En ce sens, consulter pour un enfant ou un adolescent peut permettre à celui-ci de se dégager plus rapidement de ses difficultés et de devenir un adulte plus solide, plus heureux et plus sain.

De plus, si une démarche de consultation s'amorce souvent dans le doute et avec des inquiétudes, elle permet généralement aux parents et à l'enfant de s'ouvrir sur les difficultés perçues et les émotions ressenties, de clarifier des perceptions et de développer ensemble des moyens pour que l'enfant évolue. Les liens familiaux peuvent être alors réaménagés et un nouvel équilibre, plus harmonieux, peut être trouvé.

2. DAVELUY, Carole, Lucille PICA, Nathalie AUDET, Robert COURTEMANCHE, France LAPOINTE et al. *Enquête sociale et de santé 1998*. Québec: Institut de la Statistique du Québec, 2001.

Ressources

Association des médecins psychiatres du Québec
2, Complexe Desjardins, Tour de l'Est, 30e étage
Montréal (Québec) H5B 1G8
☎ : (514) 350-5128
Télécopieur : (514) 350-5198
www.ampq.org

Ordre des psychologues du Québec
1100, avenue Beaumont, bureau 510
Montréal (Québec) H3P 3H5
☎ : (514) 738-1881 ou 1 800 363-2644
☎ service de référence : (514) 738-1223 ou 1 800 561-1223
Télécopieur : (514) 738-8838
www.ordrepsy.qc.ca

Ordre des conseillers et conseillères d'orientation et des psychoéducateurs et psychoéducatrices du Québec
1600, boulevard Henri-Bourassa Ouest, bureau 520
Montréal (Québec) H3M 3E2
☎ : (514) 737-4717 ou 1 800 363-2643
Télécopieur : (514) 737-2172
ordre@occoppq.qc.ca
www.occoppq.qc.ca

Association des orthopédagogues du Québec
4246, rue Jean-Talon Est, bureau 18
Montréal (Québec) H1S 1J8
☎ : (514) 374-5883 ou 1 888 444-0222
Télécopieur : (514) 374-5883
adoq@bellnet.ca
www.adoq.ca

Ordre des orthophonistes et audiologistes du Québec
235, boulevard René-Lévesque Est, bureau 601
Montréal (Québec) H2X 1N8
☎: (514) 282-9123
📠: (514) 282-9541
info@ooaq.qc.ca
www.ooaq.qc.ca

Ordre des ergothérapeutes du Québec
2021, avenue Union, bureau 920
Montréal (Québec) H3A 2S9
☎: (514) 844-5778
📠: (514) 844-0478
ergo@oeq.org
www.oeq.org

Ordre professionnel des travailleurs sociaux du Québec
255, boulevard Crémazie Est, bureau 520
Montréal (Québec) H2M 1M2
☎: (514) 731-3925 ou 1 888 731-9420
📠: (514) 731-6785
info.general@optsq.org
www.optsq.org

Association québécoise des infirmières et infirmiers en santé mentale (AQIISM)
67, rue Dufresne
Saint-Jean-sur-Richelieu (Québec) J2W 1L7
☎: (450) 359-1977
📠: (450) 349-1341
www.aqiism.org

Ados, mode d'emploi

Michel Delagrave

Devant le désir croissant d'indépendance de l'adolescent et face à ses choix, les parents développent facilement un sentiment d'impuissance. Dans un style simple et direct, l'auteur leur donne diverses pistes de réflexion et d'action.

ISBN 2-89619-016-3 2005/176 pages

Aide-moi à te parler!

La communication parent-enfant

Gilles Julien

L'importance de la communication parent-enfant, ses impacts, sa force, sa nécessité. Des histoires vécues sur la responsabilité fondamentale de l'adulte: l'écoute, le respect et l'amour des enfants.

ISBN 2-922770-96-6 2004/144 pages

Aider à prévenir le suicide chez les jeunes

Un livre pour les parents

Michèle Lambin

Reconnaître les indices symptomatiques, comprendre ce qui se passe et contribuer efficacement à la prévention du suicide chez les jeunes.

ISBN 2-922770-71-0 2004/272 p.

L'allaitement maternel

Comité pour la promotion de l'allaitement maternel de l'Hôpital Sainte-Justine

Le lait maternel est le meilleur aliment pour le bébé. Tous les conseils pratiques pour faire de l'allaitement une expérience réussie! (2e édition)

ISBN 2-922770-57-5 2002/104 p.

Apprivoiser l'hyperactivité et le déficit de l'attention

Colette Sauvé

Une gamme de moyens d'action dynamiques pour aider l'enfant hyperactif à s'épanouir dans sa famille et à l'école.

ISBN 2-921858-86-X 2000/96 p.

Au-delà de la déficience physique ou intellectuelle
Un enfant à découvrir

Francine Ferland

Comment ne pas laisser la déficience prendre toute la place dans la vie familiale ? Comment favoriser le développement de cet enfant et découvrir le plaisir avec lui ?

ISBN 2-922770-09-5 2001/232 p.

Au fil des jours... après l'accouchement

L'équipe de périnatalité de l'Hôpital Sainte-Justine

Un guide précieux pour répondre aux questions pratiques de la nouvelle accouchée et de sa famille durant les premiers mois suivant l'arrivée de bébé.

ISBN 2-922770-18-4 2001/96 p.

Au retour de l'école...
La place des parents dans l'apprentissage scolaire

Marie-Claude Béliveau

Une panoplie de moyens pour aider l'enfant à développer des stratégies d'apprentissage efficaces et à entretenir sa motivation. (2e édition)

ISBN 2-922770-80-X 2004/280 p.

Comprendre et guider le jeune enfant
À la maison, à la garderie

Sylvie Bourcier

Des chroniques pleines de sensibilité sur les hauts et les bas des premiers pas du petit vers le monde extérieur.

ISBN 2-922770-85-0 2004/168 p.

De la tétée à la cuillère
Bien nourrir mon enfant de 0 à 1 an

Linda Benabdesselam et autres

Tous les grands principes qui doivent guider l'alimentation du bébé, présentés par une équipe de diététistes expérimentées.

ISBN 2-922770-86-9 2004/144 p.

Le développement de l'enfant au quotidien

Du berceau à l'école primaire

Francine Ferland

Un guide précieux cernant toutes les sphères du développement de l'enfant: motricité, langage, perception, cognition, aspects affectifs et sociaux, routines quotidiennes, etc.

ISBN 2-89619-002-3 2004/320 pages

Le diabète chez l'enfant et l'adolescent

Louis Geoffroy, Monique Gonthier et les autres membres de l'équipe de la Clinique du diabète de l'Hôpital Sainte-Justine

Un ouvrage qui fait la somme des connaissances sur le diabète de type 1, autant du point de vue du traitement médical que du point de vue psychosocial.

ISBN 2-922770-47-8 2003/368 p.

Drogues et adolescence

Réponses aux questions des parents

Étienne Gaudet

Sous forme de questions-réponses, connaître les différentes drogues et les indices de consommation, et avoir des pistes pour intervenir.

ISBN 2-922770-45-1 2002/128 p.

En forme après bébé

Exercices et conseils

Chantale Dumoulin

Des exercices et des conseils judicieux pour aider la nouvelle maman à renforcer ses muscles et à retrouver une bonne posture.

ISBN 2-921858-79-7 2000/128 p.

En forme en attendant bébé

Exercices et conseils

Chantale Dumoulin

Des exercices et des conseils pratiques pour garder votre forme pendant la grossesse et pour vous préparer à la période postnatale.

ISBN 2-921858-97-5 2001/112 p.

L'enfant adopté dans le monde
(en quinze chapitres et demi)

Jean-François Chicoine, Patricia Germain et Johanne Lemieux

Un ouvrage complet traitant des multiples aspects de ce vaste sujet: l'abandon, le processus d'adoption, les particularités ethniques, le bilan de santé, les troubles de développement, l'adaptation, l'identité...

ISBN 2-922770-56-7 2003/480 p.

L'enfant malade
Répercussions et espoirs

Johanne Boivin, Sylvain Palardy et Geneviève Tellier

Des témoignages et des pistes de réflexion pour mettre du baume sur cette cicatrice intérieure laissée en nous par la maladie de l'enfant.

ISBN 2-921858-96-7 2000/96 p.

L'estime de soi des adolescents

Germain Duclos, Danielle Laporte et Jacques Ross

Comment faire vivre un sentiment de confiance à son adolescent? Comment l'aider à se connaître? Comment le guider dans la découverte de stratégies menant au succès?

ISBN 2-922770-42-7 2002/96 p.

L'estime de soi des 6 - 12 ans

Danielle Laporte et Lise Sévigny

Une démarche simple pour apprendre à connaître son enfant et reconnaître ses forces et ses qualités, l'aider à s'intégrer et lui faire vivre des succès.

ISBN 2-922770-44-3 2002/112 p.

L'estime de soi, un passeport pour la vie

Germain Duclos

Pour développer des attitudes éducatives positives qui aideront l'enfant à acquérir une meilleure connaissance de sa valeur personnelle. (2e édition)

ISBN 2-922770-87-7 2004/248 p.

Et si on jouait?

Le jeu chez l'enfant de la naissance à six ans

Francine Ferland

Les différents aspects du jeu présentés aux parents et aux intervenants: information détaillée, nombreuses suggestions de matériel et d'activités.

ISBN 2-922770-36-2 2002/184 p.

Être parent, une affaire de cœur

Danielle Laporte

Des textes pleins de sensibilité, qui invitent chaque parent à découvrir son enfant et à le soutenir dans son développement. Une série de portraits saisissants: l'enfant timide, agressif, solitaire, fugueur, déprimé, etc. (2e édition)

ISBN 2-89619-021-X 2005/280 p.

Famille, qu'apportes-tu à l'enfant?

Michel Lemay

Une réflexion approfondie sur les fonctions de chaque protagoniste de la famille, père, mère, enfant... et les différentes situations familiales.

ISBN 2-922770-11-7 2001/216 p.

La famille recomposée

Une famille composée sur un air différent

Marie-Christine Saint-Jacques et Claudine Parent

Comment vivre ce grand défi? Le point de vue des adultes (parents, beaux-parents, conjoints) et des enfants impliqués dans cette nouvelle union.

ISBN 2-922770-33-8 2002/144 p.

Favoriser l'estime de soi des 0 - 6 ans

Danielle Laporte

Comment amener le tout-petit à se sentir en sécurité? Comment l'aider à développer son identité? Comment le guider pour qu'il connaisse des réussites?

ISBN 2-922770-43-5 2002/112 p.

Grands-parents aujourd'hui
Plaisirs et pièges
Francine Ferland

Les caractéristiques des grands-parents du 21e siècle, leur influence, les pièges qui les guettent, les moyens de les éviter, mais surtout les occasions de plaisirs qu'ils peuvent multiplier avec leurs petits-enfants.

ISBN 2-922770-60-5 2003/152 p.

Guider mon enfant dans sa vie scolaire
Germain Duclos

Des réponses aux questions les plus importantes et les plus fréquentes que les parents posent à propos de la vie scolaire de leur enfant.

ISBN 2-922770-21-4 2001/248 p.

J'ai mal à l'école
Troubles affectifs et difficultés scolaires
Marie-Claude Béliveau

Cet ouvrage illustre des problématiques scolaires liées à l'affectivité de l'enfant. Il propose aux parents des pistes pour aider leur enfant à mieux vivre l'école.

ISBN 2-922770-46-X 2002/168 p.

Les maladies neuromusculaires chez l'enfant et l'adolescent
Sous la direction de Michel Vanasse, Hélène Paré, Yves Brousseau et Sylvie D'Arcy

Les informations médicales de pointe et les différentes approches de réadaptation propres à chacune des maladies neuromusculaires.

ISBN 2-922770-88-5 2004/376 p.

Le nouveau Guide Info-Parents
Michèle Gagnon, Louise Jolin et Louis-Luc Lecompte

Voici, en un seul volume, une nouvelle édition revue et augmentée des trois *Guides Info-Parents*: 200 sujets annotés.

ISBN 2-922770-70-2 2003/464 p.

Parents d'ados

De la tolérance nécessaire à la nécessité d'intervenir

Céline Boisvert

Pour aider les parents à départager le comportement normal du pathologique et les orienter vers les meilleures stratégies.

ISBN 2-922770-69-9 2003/216 p.

Les parents se séparent...

Pour mieux vivre la crise et aider son enfant

Richard Cloutier, Lorraine Filion et Harry Timmermans

Pour aider les parents en voie de rupture ou déjà séparés à garder espoir et mettre le cap sur la recherche de solutions.

ISBN 2-922770-12-5 2001/164 p.

Santé mentale et psychiatrie pour enfants

Des professionnels se présentent

Bernadette Côté et autres

Pour mieux comprendre ce que font les différents professionnels qui travaillent dans le domaine de la santé mentale et de la pédopsychiatrie: leurs rôles spécifiques, leurs modes d'évaluation et d'intervention, leurs approches, etc.

ISBN 2-89619-022-8 2005/128 p.

La scoliose

Se préparer à la chirurgie

Julie Joncas et collaborateurs

Dans un style simple et clair, voici réunis tous les renseignements utiles sur la scoliose et les différentes étapes de la chirurgie correctrice.

ISBN 2-921858-85-1 2000/96 p.

Le séjour de mon enfant à l'hôpital

Isabelle Amyot, Anne-Claude Bernard-Bonnin, Isabelle Papineau

Comment faire de l'hospitalisation de l'enfant une expérience positive et familiariser les parents avec les différences facettes que comporte cette expérience.

ISBN 2-922770-84-2 2004/120 p.

Tempête dans la famille

Les enfants et la violence conjugale

Isabelle Côté, Louis-François Dallaire et Jean-François Vézina

Comment reconnaître une situation où un enfant vit dans un contexte de violence conjugale ? De quelle manière l'enfant qui y est exposé réagit-il ? Quelles ressources peuvent venir en aide à cet enfant et à sa famille ?

ISBN 2-89619-008-2 2004/144 p.

Les troubles anxieux expliqués aux parents

Chantal Baron

Quelles sont les causes de ces maladies et que faire pour aider ceux qui en souffrent ? Comment les déceler et réagir le plus tôt possible?

ISBN 2-922770-25-7 2001/88 p.

Les troubles d'apprentissage : comprendre et intervenir

Denise Destrempes-Marquez et Louise Lafleur

Un guide qui fournira aux parents des moyens concrets et réalistes pour mieux jouer leur rôle auprès de l'enfant ayant des difficultés d'apprentissage.

ISBN 2-921858-66-5 1999/128 p.

Votre enfant et les médicaments : informations et conseils

Catherine Dehaut, Annie Lavoie, Denis Lebel, Hélène Roy et Roxane Therrien

Un guide précieux pour informer et conseiller les parents sur l'utilisation et l'administration des médicaments. En plus, cent fiches d'information sur les médicaments les plus utilisés.

ISBN 2-89619-017-1 2005/320 p.

MARQUIS
MEMBRE DU GROUPE SCABRINI
Québec, Canada
2005